# 跟我学

徐衡 编著

# FANUC

## 数控系统 手工编程 ‹‹‹

化学工业出版社

·北京·

**图书在版编目（CIP）数据**

跟我学 FANUC 数控系统手工编程 / 徐衡编著. —北京：化学工业出版社，2013.5（2024.11重印）
ISBN 978-7-122-16526-8

Ⅰ. ①跟…　Ⅱ. ①徐…　Ⅲ. ①数控机床-程序设计　Ⅳ. ①TG659

中国版本图书馆 CIP 数据核字（2013）第 027593 号

责任编辑：王　烨　　　　　　　　文字编辑：谢蓉蓉
责任校对：吴　静　　　　　　　　装帧设计：刘丽华

出版发行：化学工业出版社（北京市东城区青年湖南街 13 号　邮政编码 100011）
印　　装：大厂回族自治县聚鑫印刷有限责任公司
787mm×1092mm　1/16　印张 12½　字数 300 千字　2024 年 11 月北京第 1 版第 19 次印刷

购书咨询：010-64518888　　　　　　　　售后服务：010-64518899
网　　址：http://www.cip.com.cn

凡购买本书，如有缺损质量问题，本社销售中心负责调换。

定　　价：39.00 元

# 前 言

FANUC

随着机械制造设备的数控化，企业急需掌握数控编程、数控机床操作的技工、程序员。本书是为有志学习数控加工的初学者、数控机床操作工、数控编程程序员，及学习数控加工的学生编写的。数控加工具有较强的技术性，本书以数控加工的应用为目的，基于目前企业中广泛使用的 FANUC 数控系统，介绍数控车床、数控铣床、加工中心加工程序手工编程，以及数控机床操作、工艺参数的选择、典型加工实例等数控知识。

学习数控机械加工的基础是掌握数控手工编程，只有掌握了手工编程，才能操作数控机床，完成对工件的数控加工。本书重点讲解数控手工编程知识，围绕程序应用讲述数控机床操作方法，并结合加工实例阐述数控编程、数控机床操作、加工工艺等综合一体的数控知识，使读者具备操作数控车床和数控铣床、加工中心机床的岗位能力。本书是集理论和实践于一体的实用型技术书籍，书中内容由浅入深，可作为初学者学习数控技术的入门书籍。由于书中加工实例选自生产实际，对从事数控加工的技术工人、数控程序员、数控加工技术人员等具有很好的参考价值，对其学习提高也有很好的帮助。

本书由徐衡编著，编写过程中李超、周光宇、栾敏、关颖、田春霞、段晓旭、赵宏立、孙红雨、杨海、汤振宁、赵玉伟、郎敬喜、徐光远、关崎炜、朱新宇、张元军、刘艳林、王丹、李宝岭、刘艳华等对本书的编写提供了很多帮助，在此一并表示感谢。

由于编者水平所限，书中难免有疏漏之处，恳请读者予以指正。

编　者

# 目　录

FANUC

## 第3章 FANUC 系统铣床及加工中心操作

## 第 5 章　FANUC 系统数控车床加工程序编制

## 第6章　FANUC 系统数控车床操作

## 第7章　FANUC 系统数控车削编程与工艺实例

## 参考文献

# 第1章

# 数控编程基础

## 1.1 数控机床入门

### 1.1.1 数控机床与数控系统

数控机床采用零件加工程序控制机床的运动和加工过程，程序中含有加工中所需的信息，如刀具的走刀路线、各种辅助功能、主轴转速、进给速度、换刀、冷却液开关等。当加工对象改变时，只需要编制相应的零件加工程序，就可以加工新工件，不需要改变机床硬件装备。

数控机床由三个基本部分组成，即数控系统、伺服驱动装置和机床本体，如图 1-1 所示。

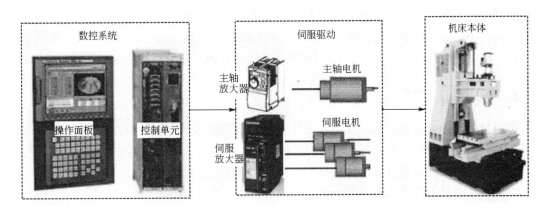

图 1-1　数控机床的组成

数控机床的智能指挥系统称为数控系统，数控系统是数控机床专用的计算机系统。目前，我国数控机床常采用的数控系统有 FANUC 数控系统（如 F0/F00/F0i Mate 系列和 FANUC 0i

系列），西门子系统（如 SIEMENS 802、810、840 系统及全数字化的 SIEMENS 840D 系统），国产自主开发的数控系统有华中科技大学的华中 I 型系统、华中 II 型系统，中国科学院沈阳计算机所的蓝天一型系统，北京航天机床数控集团的航天一型系统等。

伺服驱动系统是机床的动力装置，它把数控装置发来的各种动作指令，转化成机床移动部件的运动，伺服系统由伺服放大单元和伺服电机组成。

机床本体也称数控机床光机，是数控机床的机械部分。有些数控机床还配备了特殊的部件，如回转工作台、刀库、自动换刀装置和托盘自动交换装置等。

## 1.1.2 数控机床加工过程

数控机床加工过程如图 1-2 所示，即对零件图样进行工艺分析，确定加工方案，用规定代码编写零件加工程序，把加工程序输入数控系统，经过数控系统处理，发出指令，自动控制机床完成切削加工，加工出符合要求的零件。

图 1-2　数控机床加工过程

## 1.1.3 数控加工程序

数控加工的核心是编制加工程序，程序是用规定格式记录加工中所需要的工艺信息和刀具轨迹。为使数控程序通用化，实现不同数控系统程序数据的互换，数控程序的格式有一系列国际标准，我国相应的国家标准与国际标准基本一致。所以不同的数控系统，编程指令基本相似，同时也有一定差别，本书介绍 FANUC 系统数控编程指令。

有两种编程方法：手工编程和自动编程。自动编程是利用专用编程软件，由计算机编制零件程序，常用的自动编程软件有 CAXA 制造工程师、UG、Pro/E 等。本书介绍手工编程。

## 1.1.4 数控机床坐标系

数控机床坐标系分为机床坐标系和工件坐标系，其中工件坐标系又称为编程坐标系。数控机床坐标系是生产厂家在机床上设定的坐标系，数控机床坐标轴和运动方向的规定已标准化，我国相应的标准与 ISO 国际标准等效，其基本规定如下。

**（1）刀具相对工件运动的原则——工件相对静止，刀具运动**

标准规定工件静止，刀具运动，刀具远离工件方向为坐标轴正向。由于规定工件是静止的，数控程序中记录的走刀路线是刀具运动的路线，这样编程人员不用考虑机床上是工件运动，还是刀具运动，只要依据零件图样，就可确定刀具的走刀路线。

**（2）机床坐标系的规定**

数控机床上通过坐标系记录刀具的运动，标准规定机床坐标系采用右手笛卡儿直角坐标系。决定数控机床刀具直线运动的坐标轴用字母 $X$、$Y$、$Z$ 表示，三轴关系遵循右手系规定，即伸出右手，大拇指所指为 $X$ 轴，食指所指为 $Y$ 轴，中指所指为 $Z$ 轴，如图1-3（a）所示。刀具绕 $X$ 轴、$Y$ 轴、$Z$ 轴的旋转运动坐标轴分别用 $A$、$B$、$C$ 表示，其旋转的正向按右手螺旋方向确定，即大拇指指向直线坐标轴正向，其余四指指向为旋转运动正向，如图1-3（b）所示。

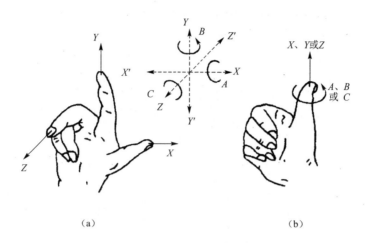

（a）　　　　　　　　　　　（b）

图1-3　数控机床的坐标系

**（3）机床坐标轴的规定**

机床坐标系的坐标轴与机床导轨平行。判断机床坐标轴的顺序是首先定 $Z$ 轴，然后定 $X$ 轴，最后根据右手法则定 $Y$ 轴。

① $Z$ 轴。数控机床的 $Z$ 轴为平行机床的主轴方向，刀具远离工件的方向为 $Z$ 轴正向；对于镗铣类机床，机床主运动是刀具回转，钻入工件方向为 $Z$ 轴的负方向，退出工件的方向为 $Z$ 轴的正方向，如图1-4、图1-5所示。

② $X$ 轴。$X$ 轴一般是水平的，平行于工件装夹面，对于立式数控镗铣床（$Z$ 轴是垂直的），从主轴向立柱的方向看，右侧为 $X$ 轴正向，如图1-4所示；对于卧式镗铣床（$Z$ 轴是水平的），沿刀具主轴后端向工件看，右侧为 $X$ 轴正向，如图1-5所示。

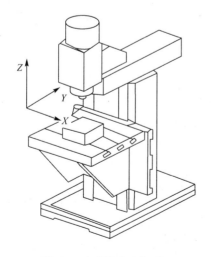

图1-4　立式铣床坐标系

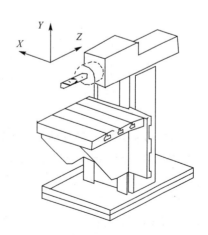

图1-5　卧式铣床坐标系

③ $Y$轴。根据$X$轴和$Z$轴，按右手系法则（图1-3）确定$Y$轴的正方向。

④ $A$、$B$、$C$坐标轴。$A$、$B$、$C$是旋转坐标轴，其旋转轴线分别平行于$X$、$Y$、$Z$坐标轴，旋转运动正向，按右手螺旋法则确定，如图1-3所示。

⑤ 工件运动时坐标轴的符号。如果数控机床实体上刀具不运动，而是工件运动，这时在相应的坐标轴字母上加撇表示工件运动的坐标轴符号，即将$X$、$Y$、$Z$、$A$、$B$、$C$分别表示为$X'$、$Y'$、$Z'$、$A'$、$B'$、$C'$等。工件运动的正向与刀具运动坐标轴的正向相反。例如数控车床坐标系中的$C'$轴如图1-6所示。

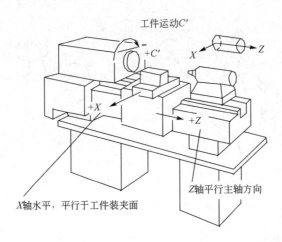

图1-6　车床坐标系中的$C'$轴

# 1.2　FANUC 系统数控手工编程概述

## 1.2.1　编制零件加工程序步骤

数控程序也称为零件加工程序，编程就是把数控加工中所需要的工艺信息和刀具轨迹编入数控程序中。编制数控程序的过程如图1-7所示，编程步骤简述如下。

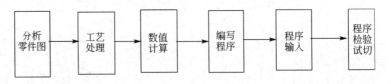

图1-7　编制零件程序过程

### （1）分析零件图样，审查结构工艺性

数控加工前，应认真分析零件图样，注意以下几点。

① 明确加工任务。确认零件的几何形状、尺寸和技术要求，本工序加工范围和对加工质量的要求。

② 审查零件图样的尺寸、公差和技术要求等是否完整。

零件设计图样中几何要素的定位尺寸基准应尽量选同一表面，避免基准不重合误差的影响。例如图 1-8 所示的零件图样，零件的 A、B 两面均为孔系的设计基准，加工孔时如采用 A 面定位，而 φ50H7 孔和两个 φ30H7 孔取 B 面为设计基准，则定位基准与设计基准不重合，欲保证 70±0.08 和 110±0.05 尺寸，因受上道工序 240±0.1 尺寸误差的影响，需要压缩 240 尺寸的公差，致使加工的难度和成本增加。如果改为图 1-9 所示标注孔位置的设计尺寸，各孔位置的设计尺寸都以 A 面为基准，加工孔的定位基准取 A 面，使定位基准与设计基准重合，各孔的设计尺寸都直接由加工误差保证，避免了基准不重合误差的影响。

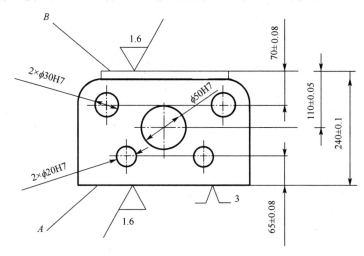

图 1-8　孔（φ50 与 2×φ30）的定位基准与设计基准不重合

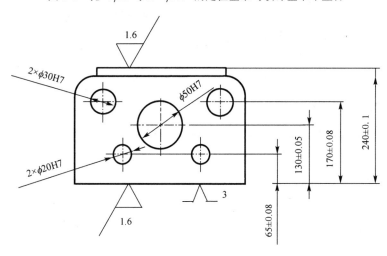

图 1-9　修改孔的定位尺寸使定位基准与设计基准重合

③ 审查零件的结构工艺性，分析零件的结构刚度是否够用。

**（2）数控加工中的工艺分析和工艺处理**

对零件进行数控加工的工艺分析和工艺处理，制定加工计划，其内容如下。

① 确定工件的加工表面。

② 装夹工件的方法。

③ 每一切削过程中的走刀路线。

④ 选择切削刀具，确定切削参数。

**（3）手工编程中的数值计算**

手工编程需要通过数值计算求出编程用的尺寸值。数值计算主要包括数值换算，以及基点、节点计算等。

① 标注尺寸的换算。当零件标注尺寸与编程尺寸不一致时，经过运算求解编程尺寸。例如图 1-10 所示的小轴，轴上 $A$ 点位置以左端面为基准标注，编程时工件坐标系以轴的右端面为 $Z$ 轴原点，$A$ 点的 $Z$ 轴尺寸需换算成 $Z= -50.0mm$。

② 尺寸中值的换算。零件标注尺寸公差不对称时，需将标注尺寸换算成中值作为编程尺寸，以保证加工精度。由加工误差产生的尺寸分散一般按正态分布，为使加工误差分布在公差范围内，编程尺寸应该采用零件的尺寸中值。取尺寸中值编程，有利于保证加工精度。

例如，如图 1-11（a）所示，用 $\phi 10$ mm 铣刀镗铣加工 $\phi 30^{+0.02}_{0}$ mm 孔，若按基本尺寸 30 mm 编程，因存在加工误差，且加工误差分布中心偏离公差带中心，加工后的

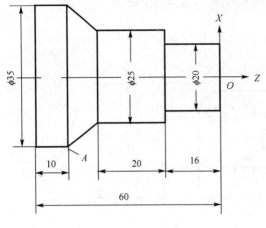

图 1-10 $A$ 点编程尺寸换算

尺寸可能小于 $\phi 30$ mm，产生废品的概率如图 1-11（b）所示。而取尺寸的中值 30.01mm 编程，由于加工后误差分布中心与公差带中心重合，误差相对于尺寸中值对称分布，如图 1-11（c）所示，加工后尺寸在公差范围的概率大，容易保证加工精度。

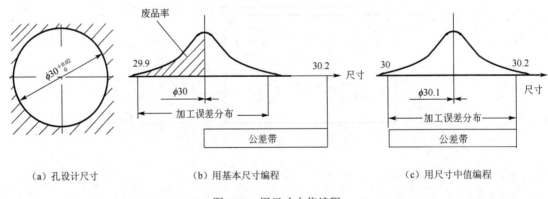

（a）孔设计尺寸    （b）用基本尺寸编程    （c）用尺寸中值编程

图 1-11 用尺寸中值编程

③ 基点计算。基点是指构成工件轮廓不同几何要素之间的交点或切点，如直线与直线的交点、直线与圆弧的交点或切点、圆弧与圆弧的交点或切点等。例如，图 1-12 所示的凸轮，$A$、$B$、$C$、$D$ 点是凸轮的基点。确定工件坐标系后，可用几何方法计算出基点坐标，也可以借助 CAD/CAM 软件，1∶1 画出凸轮图形，通过软件查询功能，得出基点坐标：$A$ $(X0, Y75)$，$B$ $(X0, Y-30)$，$C$ $(X-7.5, Y29.407)$，$D$ $(X0, Y38.73)$。

④ 节点计算。一般数控系统只具备直线和圆弧插补功能，对直线和圆弧以外的复杂曲线，如椭圆线、阿基米德螺旋线等，只能用直线或圆弧逼近。具体方法是将复杂轮廓曲线按

允许误差分割成若干小段，再用直线或圆弧逼近这些小段，逼近线段的交点称为节点。节点越密，轮廓曲线的逼近程度越高。人工计算节点很困难，此类情况通常采用自动编程。

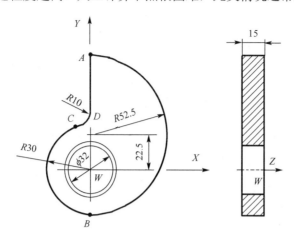

图1-12　变速凸轮基点

（4）编写零件加工程序

根据走刀路线、工艺参数及刀具等数据，按FANUC数控系统的指令代码和程序段格式，编写零件的加工程序。

（5）创建加工程序

可以操作系统键盘输入加工程序，此外还可以采用软盘、通信等手段输入程序。

数控系统一般备有DNC接口，单台数控机床通过DNC接口，采用九针电缆与计算机连接，如图1-13所示。通过在计算机上的通信软件与数控机床进行数据传输，把计算机中的数控程序传输到数控系统。已实现联网的数控机床，采用网络通信传输程序。

（6）程序的校验和试切

通过程序的空运行和试切削，检验程序是否有误、加工精度是否符合要求。如果不能达到要求，应找出原因，并采取相应措施进行更改。最后得到正确的数控程序。

## 1.2.2　FANUC系统数控程序组成

（1）程序代码

FANUC系统数控程序格式基本上采用国际标准。数控程序所用字符的编码国际上通用的有两种代码，即EIA码（美国电子工业协会）和ISO码（国际标准化协会）。通常，数控系统均能识别这两种码。

（2）程序的组成

数控程序可以记录在穿孔纸带、磁盘等介质上，加工程序单如图1-14所示。

① 纸带开始。用符号"%"表示NC程序文件开始，当程序使用个人计算机输入时不需要标记符号。此符号标记不在屏幕上显示，当文件输出时，其会自动地输出在文件的开头。

② 引导区。在程序之前进入的文件头为引导部分，如程序文件的标题等。当文件从输入/输出（I/O）设备读进数控装置时，引导部分被跳过，所以引导部分除EOB代码（EOB代码即程序中的分号";"）以外可以包含任何代码。

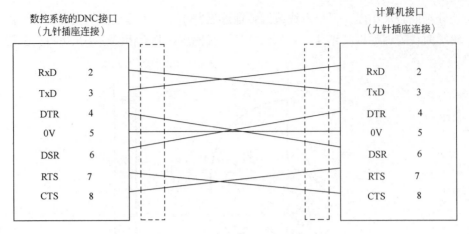

图 1-13 数控机床（数控系统）与计算机的连接

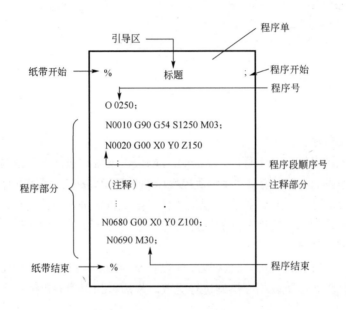

图 1-14 零件加工程序单

③ 程序开始代码。FANUC 中用符号"；"表示程序开始。在引导部分之后，程序部分之前输入此代码，指示程序开始，并且要求取消标记跳过功能。其相当于普通计算机的回车键。

④ 纸带结束。用符号"％"表示程序文件结束。其放置在数控（NC）程序文件的末尾，用自动编程系统输入程序时，不需要输入"％"。标记"％"在屏幕上不显示，当文件输出时，其会自动地输出在文件的末尾。

⑤ 程序部分。数控加工程序是分行书写的，每一行程序称为一个程序段。每个程序段由若干个指令（也称为字）组成。指令是数控程序中的基本信息单元，代表机床的一个位置或一个动作。每个指令（字）由英文字母和若干个数字组成，其中英文字母称为地址。各种地址码代表不同功能，加工程序中使用的地址码及其功能如表 1-1 所示。

表 1-1　数控程序地址码及其功能

| 功　　能 | 地　　址 | 含　　义 |
|---|---|---|
| 程序号 | O | 给程序指定程序号 |
| 顺序号 | N | 程序段的顺序号 |
| 准备功能 | G | 指定移动方式（直线、圆弧等） |
| 尺寸字 | X、Y、Z、U、V、W、A、B、C | 坐标轴移动指令 |
|  | I、J、K | 圆弧中心的坐标 |
|  | R | 圆弧半径 |
| 进给功能 | F | 指定每分钟进给速度或每转进给速度 |
| 主轴速度功能 | S | 指定主轴速度 |
| 刀具功能 | T | 刀号 |
| 辅助功能 | M | 机床上的开/关控制 |
|  | B | 指定工作台分度等 |
| 偏置号 | D、H | 刀具偏置号地址 |
| 暂停 | P、X | 暂停时间 |
| 程序号指定 | P | 子程序号 |
| 重复次数 | P | 子程序重复次数 |
| 参数 | P、Q | 固定循环参数 |

## 1.2.3　程序段格式

程序段格式是指一个程序段中各种指令的书写规则，包括指令排列顺序等。FANUC 系统的程序段格式如图 1-15 所示。

图 1-15　程序段组成

一个完整程序段包括刀具移动方式与轨迹（准备功能 G）、移动目标（终点坐标值 X、Y、Z）、进给速度（进给功能指令 F）、切削速度（主轴转速功能指令 S）、使用刀具（刀具功能 T）、刀补号（地址 D、H）、机床辅助动作（辅助功能 M）等。程序段中的各种指令说明如下。

① N×× ——程序段顺序号，由地址 N 和后面的 2~4 位数字组成，用于标志程序段运行顺序。为减少代码输入和少占内存，在 FANUC 系统的数控程序中，顺序号不是必需的，也不要求数值有连续性，系统能够自动按照程序段的排列运行程序。对程序段可以指定段号，也可不指定段号；还可以只在需要标志的程序段指定段号，而其余程序段不用段号。

② G×× ——准备功能指令，简称 G 代码。该类代码用以指定刀具进给运动方式。

③ X、Y、Z、A、B、C、I、J、K 等 ——坐标指令，由坐标地址符（英文字母）及数字组成。例如 "X−25.102"，其中，字母表示坐标轴，字母后面的数值表示刀具在该坐标轴上移动（或转动）后的坐标值，可以是绝对坐标，也可以是增量坐标（用 G90/G91 指定）。

④ F×××——进给速度功能，用来给定切削时刀具的进给速度。进给速度单位可以用 G94/G95 指定，G94 指定的单位是每分钟刀具的进给量(mm/min)，G95 指定的单位是主轴每转刀具的进给量(mm/r)。如果程序中不给出 G94/G95 指令，数控铣床开机后默认的进给速度单位（即缺省值）是"mm/min"。例如"F150.0"，表示进给速度为 150mm/min。

⑤ S×××——主轴转速功能，用以指定主轴转速，其单位是"r/min"。例如"S900"，表示主轴转速为 900r/min。

⑥ T××——刀具功能，用字母 T 加两位（车床为 4 位）数字组成，数字表示所选择的刀具号。对每把刀具给定一个编号，例如"T03"，表示选用 3 号刀。

⑦ H××（或 D××）——刀具补偿号地址，用字母 H（或 D）加两位数字组成，用于存放刀具长度或半径补偿值。

⑧ M×××——辅助功能指令，简称 M 代码，用字母 M 加两位数表示，它是控制机床开关动作的指令。通常在一个程序段中仅能指定一个 M 代码，在某些情况下可以最多指定三个 M 代码，代码对应的机床功能由机床制造厂决定。常用的 M 代码含义见表 1-2。

表 1-2　常用 M 代码及功能（部分）

| 代　码 | 功 能 说 明 | 代　码 | 功 能 说 明 |
|---|---|---|---|
| M00 | 程序停止 | M06 | 换刀 |
| M01 | 选择停止 | M08 | 切削液打开 |
| M02 | 程序结束 | M09 | 切削液停止 |
| M03 | 主轴正转启动 | M30 | 程序结束并返回 |
| M04 | 主轴反转启动 | M98 | 调用子程序 |
| M05 | 主轴停止转动 | M99 | 子程序结束 |

⑨ ";"——分号是程序段结束符号，表示一个程序段的结束。段结束符号位于一个程序段末尾，在用键盘输入程序时，按操作面板上的"EOB"（End Of Block）键，则";"号自动添加在段末尾，同时程序换行（注：也有采用"LF"、"CR"，"*"等符号表示段结束符号）。

## 1.2.4　常用 M 代码说明

表 1-2 为常用 M 代码，说明如下。

（1）指令：M00（程序暂停）

功能：M00 指令使正在运行的程序在本段停止，同时保存现场的模态信息。重新按程序启动按钮后，可继续执行下一程序段。

应用：该指令用于加工中的停车，以进行某些固定的手动操作，如手动变速、换刀等。

（2）指令：M01（条件停止）

功能：M01 执行过程和 M00 指令相同，不同的是只有按下机床控制面板上的"选择停止"按钮时该指令才有效，否则机床继续执行后面的程序。

应用：该指令常用于加工中关键尺寸的抽样检查或临时停车。

（3）指令：M02（程序结束）

功能：该指令表示加工程序全部结束。它使主轴、进给、切削液都停止运行，机床复位。

应用：该指令必须编在最后一个程序段中。

（4）指令：M03（主轴正转）、M04（主轴反转）、M05（主轴停）

功能：M03、M04 指令可分别使主轴正、反转，它们与同段程序其他指令同时执行。M05 指令使主轴停转，在该程序段中其他指令执行完成后才执行主轴停止。

（5）指令：M08（切削液开指令）；M09（切削液关指令）

（6）M30（程序结束并返回）

功能：该指令与 M02 功能相似，不同之处是该指令使程序段执行顺序指针返回到程序开头位置，以便继续执行同一程序，为加工下一个工件做好准备。该指令必须编在最后一个程序段中。

（7）M00、M01、M02 和 M30 的区别与联系

在初学加工中心编程时，对以上几个 M 代码容易混淆，它们的区别与联系如下。

M00 为程序暂停指令。程序执行到此进给停止，主轴停转。重新按启动按钮后，可继续执行后面的程序段。主要用于在加工中使机床暂停（检验工件、调整、排屑等）。

M01 为程序选择性暂停指令。程序执行时控制面板上"选择停止"键处于"ON"状态时此功能才能有效，否则该指令无效。执行后的效果与 M00 相同，常用于关键尺寸的检验或临时暂停。

M02 为主程序结束指令。执行到此指令，进给停止，主轴停止，冷却液关闭。但程序执行光标停在程序末尾。

M30 为主程序结束指令。功能同 M02，不同之处是程序执行光标返回到程序头位置。

## 1.2.5 数字单位英制与公制的转换

FANUC 系统程序中的数值单位可以用 G21/G20 指定，G21 指定采用公制（毫米输入）；G20 指定采用英制（英寸输入）。如果程序中不给出 G21/G20 指令，数控铣床开机后默认的单位（即缺省值）是"G21（毫米输入）"。G21/G20 代码必须编在程序的开头，在设定坐标系之前以单独程序段指定。

## 1.2.6 小数点编程

一般数控机床数值的最小输入增量单位为 0.001mm，小于最小输入增量单位的小数被舍去。当输入数字值是距离、时间或速度时可以使用小数点，称为小数点编程。下面地址可以指定小数点：X、Y、Z、U、V、W、A、B、C、I、J、K、Q、R 和 F。

FANUC 系统程序中没有小数点的数值，其单位是"μm"，如坐标尺寸字"X200"，表示 X 值为 200μm。如果数值中有小数点，其数值单位是"mm"，如 X0.2，表示 X 值为 0.2mm，即 X0.2 与 X200 等效。

例如，坐标尺寸字 X 值为 30.012mm、Y 值为-9.8mm 时，以下几种表达方式是等效的。

① X30.012 Y-9.8　　　（单位是 mm）。

② X30012 Y-9800　　　（单位是 μm）。

③ X30.012 Y-9800　　　（X 值单位是 mm，Y 值单位是 μm）。

# 第 2 章

# FANUC 系统数控镗铣加工程序编制

## 2.1 FANUC M（铣削）系统准备功能 G 代码

### 2.1.1 数控镗铣加工设备

　　数控铣床和加工中心是用于镗铣加工的机床，数控铣床与加工中心的主要区别是：数控铣床没有刀库和自动换刀功能，而加工中心具有刀库和自动换刀功能。

　　**（1）三轴数控铣床**

　　主轴垂直安置的数控铣床为立式数控铣床，三轴立式数控铣床如图 2-1 所示。该机床 $X$ 轴、$Y$ 轴方向由工作台运动完成，用坐标轴 $X'$、$Y'$ 表示。$Z$ 轴方向是主轴移动，用坐标轴 $Z$ 表示。

　　**（2）卧式五轴数控加工中心**

　　加工中心是一种配备有刀库，并能自动更换刀具，对工件进行多工序加工的数控机床，卧式五轴数控加工中心如图 2-2 所示。图中 $C$ 轴是数控回转工作台。数控回转工作台是数控镗铣床和加工中心的配套附件。单轴数控回转台如图 2-3 所示，转台在机床主机相关数控系统控制下，成为机床的一个回转轴。

### 2.1.2 FANUC M（铣削）系统准备功能 G 代码

　　FANUC M（铣削）系统 G 指令含义见表 2-1，说明三点：

　　① G 代码分为不同的组别，组号在表中"分组"一栏中表示，同一组号内的代码可以互相取代。

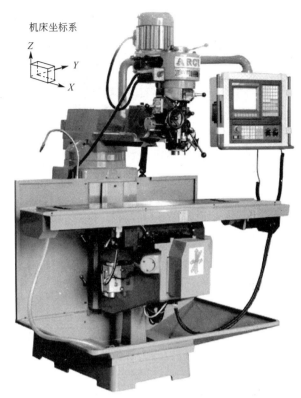

机床坐标系

图 2-1　立式数控铣床

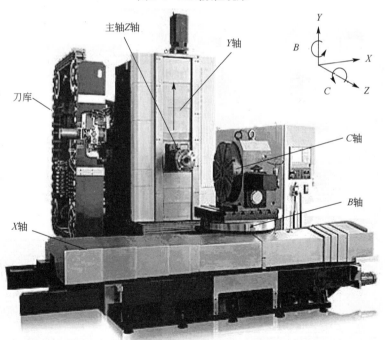

主轴Z轴

Y轴

刀库

C轴

B轴

X轴

图 2-2　卧式五轴数控加工中心

② G 指令有模态码与非模态码之分。表 2-1 中 00 组为非模态码,其余组代码为模态码。模态码一旦被执行,在系统内存中就保存该代码,该码一直有效,直到该代码被程序指令取消或被同组代码取代。在以后的程序段中使用该码可以不重写。

（a）卧式数控回转工作台　　　　　（b）立式数控回转工作台

图 2-3　数控回转工作台（单回转轴）

非模态码只在被指定的程序段内有效，例如程序段"G04 P1000"是"刀具进给暂停"。程序运行到该指令，刀具进给暂停 1s，其中非模态码 G04 只在一个段内有效，不影响下一程序段。

③ 表中标有"*"号的 G 代码为系统通电后默认状态，即缺省状态。例如"06"组代码 G20 和 G21，其中标有"*"号的是 G21，则系统通电后自动进入 G21 状态（米制输入）。如需英制输入，则需指定 G20 代码，由 G20 取代 G21，系统成为英制输入状态。

表 2-1　FANUCM 系统 G 功能（数控铣用）

| 代码 | 分组 | 功　　能 | 代码 | 分组 | 功　　能 |
|---|---|---|---|---|---|
| *G00 | 01 | 快速定位 | G50.1 | 22 | 可编程镜像取消 |
| G01 | | 直线插补 | G51.1 | | 可编程镜像有效 |
| G02 | | 圆弧插补 CW（顺时针） | G52 | 00 | 局部坐标系设定 |
| G03 | | 圆弧插补 CCW（逆时针） | G53 | | 机械坐标系选择 |
| G04 | 00 | 暂停 | G54 | 14 | 工件坐标系 1 选择 |
| G05.1 | | 预读控制（超前读多个程序段） | G54.1 | | 选择附加工件坐标系 |
| G07.1(G107) | | 圆柱插补 | G55 | | 工件坐标系 2 选择 |
| G08 | | 预读控制 | G56 | | 工件坐标系 3 选择 |
| G09 | | 准确停止 | G57 | | 工件坐标系 4 选择 |
| G10 | | 可编程数据输入 | G58 | | 工件坐标系 5 选择 |
| *G11 | | 可编程数据输入方式取消 | G59 | | 工件坐标系 6 选择 |
| *G15 | 17 | 极坐标指令取消 | G60 | 00 | 单方向定位 |
| G16 | | 极坐标指令 | G61 | 15 | 准确停止状态 |
| *G17 | 02 | 选择 XY 平面 | G62 | | 自动转角速度 |
| G18 | | 选择 ZX 平面 | G63 | | 攻螺纹方式 |
| G19 | | 选择 YZ 平面 | G64 | | 切削方式 |
| G20 | 06 | 英制输入 | G65 | 00 | 宏程序调用 |
| *G21 | | 米制输入 | G66 | 12 | 宏程序模态调用 |
| G22 | 04 | 存储行程检查功能 ON | *G67 | | 宏程序模态调用取消 |
| G23 | | 存储行程检查功能 OFF | G68 | 16 | 坐标旋转 |
| G27 | 00 | 返回参考点检查 | *G69 | | 坐标旋转取消 |
| G28 | | 返回参考点 | G73 | 09 | 快速深孔钻削固定循环 |
| G29 | | 由参考点返回 | G74 | | 左螺纹攻螺纹固定循环 |
| G30 | | 返回第 2、第 3、第 4 参考点 | G76 | | 精镗固定循环 |
| G31 | | 跳转功能 | *G80 | | 固定循环取消 |
| G33 | 01 | 螺纹切削 | G81 | | 钻削固定循环、钻中心孔 |
| G37 | 00 | 自动刀具长度测量 | G82 | | 钻削固定循环、锪孔 |
| G39 | | 拐角偏置圆弧插补 | G83 | | 深孔钻削固定循环 |
| *G40 | 07 | 刀具半径补偿取消 | G84 | | 攻螺纹固定循环 |
| G41 | | 刀具半径左补偿 | G85 | | 粗镗削固定循环 |
| G42 | | 刀具半径右补偿 | G86 | | 精镗削固定循环 |
| G40.1(G150) | 18 | 法线方向控制取消方式 | G87 | | 镗削固定循环 |
| G41.1(G151) | | 法线方向控制左侧接通 | G88 | | 镗削固定循环 |

| 代码 | 分组 | 功  能 | 代码 | 分组 | 功  能 |
|------|------|--------|------|------|--------|
| G42.1(G152) | 18 | 法线方向控制右侧接通 | G89 | 09 | 镗削固定循环 |
| G43 | 08 | 刀具长度正补偿 | *G90 | 03 | 绝对坐标方式指定 |
| G44 |  | 刀具长度负补偿 | G91 |  | 相对（增量）坐标方式指定 |
| G45 | 00 | 刀具位置补偿伸长 | G92 | 00 | 工件坐标系的变更 |
| G46 |  | 刀具位置补偿缩短 | *G94 | 05 | 每分进给(mm/min) |
| G47 |  | 刀具位置补偿2倍伸长 | G95 |  | 每转进给(mm/r) |
| G48 |  | 刀具位置补偿2倍缩短 | G96 | 13 | 恒切削速度控制 |
| *G49 | 08 | 刀具长度补偿取消 | *G97 |  | 恒切削速度控制取消 |
| *G50 | 11 | 比例缩放取消 | *G98 | 10 | 固定循环返回初始点 |
| G51 |  | 比例缩放 | G99 |  | 固定循环返回R点 |

注：1. 本表中00组为非模态码，其余组为模态码。
　　2. 标有*的G代码为系统通电后默认状态。

# 2.2　数控镗铣加工坐标系

## 2.2.1　数控铣床的机床坐标系

机床制造厂对每台机床设置一个基准点，称为机械零点，也称机床参考点。以机械零点为机床坐标轴原点组成的坐标系，称为机床坐标系。机械零点一般是不能改变的，数控机床坐标系是机床的基本坐标系，是其他坐标系和机床内部参考点的出发点。不同数控机床机械零点也不同，因生产厂家而异，通常数控铣床的机械零点定在 $X$、$Y$、$Z$ 轴的正向极限位置，如图2-4中所示 $M$ 点位置，显然数控铣床在机床坐标系中，表示刀具位置的坐标值都是负值。加工中心的机械零点一般设在机床上自动换刀的位置。

机械零点与机床坐标系原点之间有准确的位置关系，机床通过手动回零点建立起机床坐标系，机床坐标系一旦设定就保持不变直到关闭电源。

在没有绝对编码器的机床上，接通机床电源后通过手动回机床零点（或称返回参考点），在数控系统内建立机床坐标系。在采用绝对编码器为检测元件的机床上，由于数控系统能够记忆绝对原点位置，所以机床开机后即自动建立机床坐标系，并显示出刀具位置坐标，不必进行回机床零点操作。

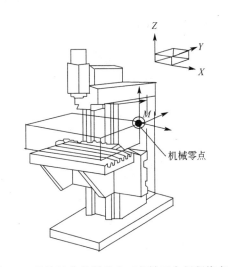

图2-4　数控铣床机械零点（各轴正向行程终点）

## 2.2.2　工件坐标系与程序原点

### （1）工件坐标系

用机床坐标系编程很不方便，通常依据零件尺寸编制加工程序。在零件图样上设定的坐标系，称为工件坐标系，也称编程坐标系，编程中的坐标是工件坐标系的坐标值。

**（2）程序原点**

工件坐标系原点也称为程序原点。为便于坐标计算，有利于保证加工精度，程序原点通常选定在零件的设计基准上。

### 2.2.3 工件坐标系与机床坐标系的关系

**（1）程序原点偏移**

数控机床上坐标轴就是机床导轨，装夹工件时须根据机床导轨找正工件方位，使工件坐标轴与机床导轨（坐标轴）方向一致。此时工件坐标系与机床坐标系的关系如图2-5所示。

程序原点偏移是指工件坐标系原点（程序原点）相对机床坐标系零点的距离（有正、负符号）。如图2-5所示，图中刀具主轴已经回到机床坐标系零点，刀具主轴端点位置就是机床零点，图中标出了工件程序原点相对机床坐标系零点的距离（有正负符号），即程序原点偏移。

**（2）设定工件坐标系**

数控系统上电后运行的是机床坐标系，加工时需要在机床上设定工件坐标系，设定了工件坐标系后，机床才能按工件坐标系运行加工程序。

常用设置工件坐标系的方法如下。

① 选择工件坐标系指令 G54～G59，可以设置 6 个工件坐标系。

② 用 G92 指令设定工件坐标系。

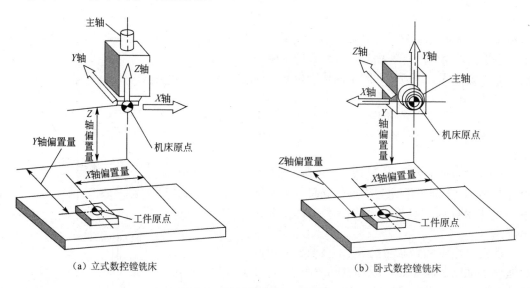

（a）立式数控镗铣床　　　　　　　　　（b）卧式数控镗铣床

图 2-5　机床坐标系与工件坐标系

### 2.2.4 用 G54～G59 设定工件坐标系

**（1）程序原点偏移数据存储地址 G54～G59**

数控系统中设有程序原点相对机床零点偏移存储地址 G54～G59。工件坐标系设定屏面如图 2-6 所示，画面中的"番号"即存储地址，画面中的"数据"即程序原点相对机床坐标系零点的偏移。G54～G59 总计 6 组地址，可存储 6 个工件坐标系。通过操作面板可进行数据存储操作。

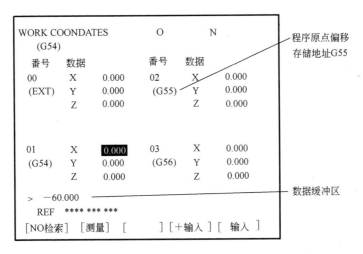

图 2-6　工件坐标系设定屏面（程序原点偏移存储地址）

**（2）设定工件坐标系指令 G54～G59**

存储了原点偏移数据后，在程序中用指令 G54～G59 可设定当前的工件坐标系，操作步骤如下。

① 在装夹工件须使工件坐标轴与机床导轨（机床坐标轴）方向一致。

② 对刀、测量出程序原点偏移数据，并把偏移数据输入地址 G54～G59。

③ 程序中给出设定工件坐标系指令 G54～G59，则系统运行由相应偏移值设定的工件坐标系。

加工程序中用指令 G54～G59 运行相应的工件坐标系。G54～G59 同属于 14 组的模态码（见表 2-1），可以互相取代。通过指令 G54～G59 代码，变换当前坐标系。一经指令了某工件坐标系，则一直有效，直到指令其他工件坐标系。

## 2.2.5　用 G92 设定工件坐标系

**（1）G92 指令格式**

G92 是刀具相对程序原点的偏置指令，该指令通过指定刀具相对于程序原点的位置建立工件坐标系，用 G92 建立的坐标系在重新启动机床机后消失。

在加工程序中，用 G92 建立工件坐标系需要用单独一个程序段，其程序段格式是：

G92　X＿ Y＿ Z＿;

该程序段中 X＿ Y＿ Z＿表示的是刀具在所设定工件坐标系中的坐标值，即刀具相对工件坐标系程序原点的偏移值。运行 G92 指令程序段并不使刀具运动，它只是改变显示屏幕中刀具位置的工件坐标系绝对坐标值，从而建立工件坐标系。刀具上代表刀具位置的点称为刀位点，刀位点可以是刀尖，也可以是刀柄上的基准点。在使用 G92 指令前，一般使刀位点处于加工始点，该加工始点称为对刀点。其操作步骤如下。

① 对刀。移动刀具到对刀点。

② 运行 G92 程序。系统建立工件坐标系。

**（2）跟我学用 G92 指令设定工件坐标系**

① 如图 2-7 所示，设定工件角点为原点的工件坐标系。

a. 刀尖为刀具基准点对刀，移动刀具，使刀尖点定位于图 2-7 所示的位置（上表面角点处）。

b. 然后运行程序段：G92 X0 Y0 Z0.；。

设定刀具当前位置为 $X=0$，$Y=0$，$Z=0$ 的坐标系，即设定图 2-7 中所示的工件坐标系，程序原点为工件上表面的角点 $O$。

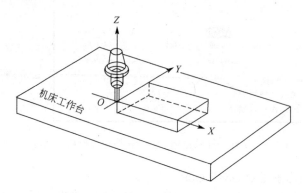

图 2-7　用 G92 设定工件一角点为工件坐标系原点

② 如图 2-8 所示，设定工件上表面中点为程序原点的工件坐标系。

a. 刀尖点定位于图 2-8 所示的位置（与图 2-7 相同）。

b. 运行程序：G92 X−40.0 Y−25.0 Z0；。

则设定工件坐标系如图 2-8 所示，即程序原点为工件上表面的中点 $O$。

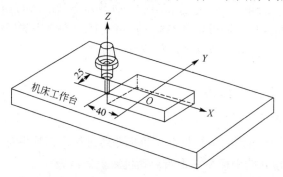

图 2-8　用 G92 设定工件上表面中点为工件坐标系原点

### 2.2.6　G54 和 G92 设定坐标系的区别与应用

**（1）G54 和 G92 设定坐标系的区别**

G54～G59 是调用加工前已经设定好的坐标系，而 G92 是在加工程序中设定的坐标系，使用 G54～G59 就没有必要再使用 G92，否则 G54～G59 会被替换。注意：一旦使用了 G92 设定坐标系，再使用 G54～G59 将不起任何作用，除非断电重新启动系统，或接着用 G92 设定所需新的工件坐标系。

**（2）设定工件坐标系指令应用**

使用 G92 的程序结束后，若刀具没有回到原对刀点位置就再次启动程序，则会改变原点位置,易导致事故发生,所以要慎用 G92。在实际生产中基本不使用 G92 指令,而使用 G54~G59 设定工件坐标系。

### 2.2.7 绝对坐标值编程(G90)与增量坐标值编程(G91)

数控程序中刀具运动的坐标值可采用两种方式给定,即绝对坐标编程与增量坐标编程。

**(1)绝对坐标编程(G90)**

刀具位置的坐标值(尺寸字)由一个固定的基准点(即程序原点)确定称为绝对坐标值。如图 2-9 中程序原点为 $O$ 点,则 $A$、$B$、$C$ 点的绝对坐标分别是 $A$(20,15)、$B$(40,45)、$C$(60,25)。

G90 是绝对坐标值指令,程序中用 G90 指令规定采用绝对坐标方式编程。在图 2-9 中,采用绝对值编程,刀具由 $B$ 点快速运动到 $C$ 点的程序是:

G90 G00 X60.0 Y25.0;

**(2)增量坐标编程(G91)**

刀具从前一个位置到下一个位置的位移量称为增量坐标值,即一个程序段中刀具移动的距离。增量坐标值与程序原点没有关系,它是刀具在一个程序段运动中终点相对于起点的相对值。在图 2-10 中,刀具由 $O$ 点运动,走刀路线为 $O \rightarrow A \rightarrow B \rightarrow C$。这时 $A$ 点的增量坐标为($X20$,$Y20$);$B$ 点的增量坐标为($X20$,$Y30$);$C$ 点的增量坐标为($X20$,$Y-20$)。

程序中用 G91 指令规定采用增量方式编程。在图 2-10 中,采用增量编程,刀具由 $B$ 点快速到 $C$ 点的程序是:

G91 G00 X20.0 Y-20.0;

G90、G91 同属于 03 组的模态码(见表 2-1),这两个代码可以互相取代。

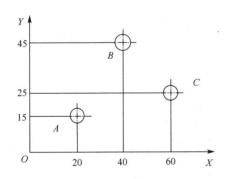

图 2-9　绝对坐标方式

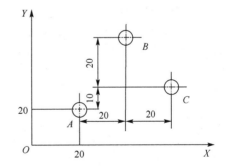

图 2-10　增量坐标方式

### 2.2.8 坐标平面选择指令 G17、G18、G19

G17、G18、G19 为平面选择指令,用来选择刀具圆弧插补运动所在平面或刀具半径补偿所在平面。笛卡儿直角坐标系中 $X$、$Y$、$Z$ 三个互相垂直的坐标轴,构成了三个平面,如图 2-11 所示。其中指令 G17 选择 $XY$ 平面,G18 选择 $XZ$ 平面,G19 选择 $YZ$ 平面。这三个指令属同一组的模态码,开机后系统默认为 G17 状态,即 G17 为缺省指令,所以开机后如果选择 $XY$

平面，可以省略 G17 指令。

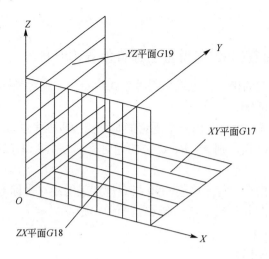

图 2-11　平面选择指令 G17、G18、G19

# 2.3　刀具进给编程指令

## 2.3.1　刀具定位

**快速定位 G00**

G00 使刀具从所在点快速移动到目标点。程序中不需要指定快速移动速度，用机床操作面板上的快速移动开关可以调整快速倍率，倍率值为 10%、25%、50%、100%。

G00 指令可以准确控制刀具到达指定点的定位精度，但不控制刀具移动的轨迹，在程序中用于使刀具定位。其程序格式为：

G00 X__ Y__ Z__ ；

程序段中 X__ Y__ Z__为目标点坐标。可用绝对坐标方式，也可用增量坐标方式。以绝对值指令编程时，X__ Y__ Z__是刀具终点的坐标值；以增量值指令编程时，X__ Y__ Z__是刀具在相应坐标轴上移动的距离。

图 2-12 中，指令刀具由 $A$ 点快速移动定位到 $B$ 点，程序为：

G90 G00 X100. Y100.；（绝对坐标编程，$A \rightarrow B$）

G91 G00 X80. Y80.；（增量坐标编程，$A \rightarrow B$）

## 2.3.2　刀具沿直线切削（直线插补 G01）

### （1）直线插补 G01 指令

G01 指令是使刀具以 F 指定的进给速度，沿直线移动到指定的位置，一般用于切削加工。指令中的两个坐标轴（或三个坐标轴）以联动的方式，按 F 码指定的进给速度运动到目标点，切削出任意斜率的直线。其程序段格式为：

G01 X__ Y__ Z__ F__;

程序段中，"X__ Y__ Z__"：绝对值指令时是终点的坐标值，增量值指令时是刀具移动的距离。

"F_"：刀具在直线运动轨迹上的进给速度(进给量)，单位为 mm/min。

F指定的进给速度直到新的值被指定之前一直有效，因此无需对每个程序段都指定 F。旋转轴的进给速度以(°)/min 为单位（小数点编程）。当直线轴（X、Y 或 Z）和旋转轴（A、B 或 C）进行直线插补时，由 F（mm/min）指令的速度是运动轨迹切线进给速度。

【例 2-1】 直线切削，如图 2-12 所示，刀具从起点 O 快速定位于 A，然后沿 AB 切削至 B。

绝对坐标方式编程，程序如下。

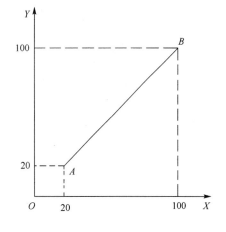

图 2-12  A、B 点坐标值

```
G54 G90 G00 X20.0 Y20.0 S800 M03 ;        绝对值编程，从 O 快速定位于 A
G01 X100.0 Y100.0 F150.0 ;                沿 AB 切削至 B
```

增量坐标方式编程，程序如下。

```
G91 G00 X20.0 Y20.0 ;                     增量编程，从 O 快速定位于 A
G01 X80.0 Y80.0 F150.0 ;                  沿 AB 切削至 B
```

G01 与 F 都是模态指令，G01 程序中必须含有 F 指令，在 G01 程序段中如无 F 指令则认为进给速度为零，刀具不动。

**（2）三坐标轴的线性插补切削编程举例（加工窄槽）**

【例 2-2】 工件材料 Q235，毛坯尺寸 75mm×60mm×15mm，加工如图 2-13 所示的槽（槽宽 10mm）。

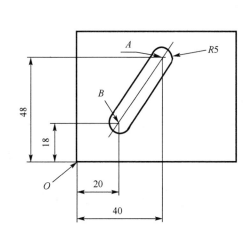
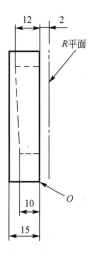

图 2-13  槽加工中三个坐标轴的线性插补

① 加工方案

a. 工件坐标系原点。编写程序前需要根据工件的情况选择工件原点，为便于编程尺寸的计算，工件编程原点一般选择在工件的设计基准，图 2-13 所示槽位置的设计基准在工件左下角，所以工件原点定在毛坯左下角的上表面，如图 2-13 中的 *O* 点。

b. 工件装夹。采用平口虎钳装夹工件。

c. 刀具选择。采用 φ10mm 的中心切削立铣刀，刀具能够径向切削和轴向钻削。

立铣刀也称为圆柱铣刀，每个刀齿的主切削刃分布在圆柱面上，用以加工侧面；副切削刃分布在端面上，用以加工与侧面垂直的底平面。立铣刀的主切削刃和副切削刃可以同时进行切削，也可以分别单独进行切削。

立铣刀端面刃有两种：一种是端部有过中心的切削刃，可以用于钻入式切削，即本身可以钻孔，因而也被称为中心切削立铣刀，如图 2-14 所示；另一种立铣刀端部有中心孔，不能钻削孔，如图 2-15 所示。

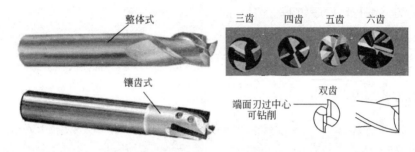

图 2-14　中心切削立铣刀（刀端部有过中心的切削刃）

图 2-15　刀端面有中心孔的立铣刀（不能钻削）

② 加工程序编制如下。

```
O1200;                        程序名
N01 G55 S500 M3;              建立工件坐标系。主轴正旋，转速 500mm/min

N05 G00 G90 X40.0 Y48.0 Z2.0; 刀具快速移动到 A 点上方，R 平面处，3 个轴同时移动
N10 G01 Z-12.0 F100.0 ;       Z 向下刀切削，到 Z= −12mm，进给速度 100mm/min

N15 X20.0 Y18.0 Z-10.0 ;      刀具以三个坐标轴的直线插补切削
N20 G01 Z2.0 ;               Z 向主轴抬刀，到 R 平面处（Z=2mm）
N25 G00 X-20.0 Y80.0 Z100.0;  回到刀具起点
N30 M2;                       程序结束
```

### 2.3.3 刀具沿圆弧切削（圆弧插补 G02、G03）

#### （1）顺圆弧插补指令 G02、逆圆弧插补指令 G03

刀具切削圆弧表面用圆弧插补指令 G02、G03，其中 G02 为顺时针方向圆弧插补，G03 为逆时针方向圆弧插补。圆弧的顺、逆方向的判别方法是：在直角坐标系中，朝着垂直于圆弧平面坐标轴的负方向看，刀具沿顺时针方向进给运动为 G02，沿逆时针方向圆弧运动为 G03。如图 2-16 所示。

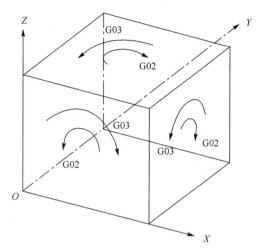

图 2-16　圆弧插补的顺、逆方向的判别

圆弧插补程序段格式如下。

在 $XY$ 平面上的圆弧：　G17 $\left\{\begin{matrix} G02 \\ G03 \end{matrix}\right\}$ X__ Y__ $\left\{\begin{matrix} I\_ J\_ \\ R\_ \end{matrix}\right\}$ F__；

在 $ZX$ 平面上的圆弧：　G18 $\left\{\begin{matrix} G02 \\ G03 \end{matrix}\right\}$ X__ Z __ $\left\{\begin{matrix} I\_ K\_ \\ R\_ \end{matrix}\right\}$ F__；

在 $YZ$ 平面上的圆弧：　G19 $\left\{\begin{matrix} G02 \\ G03 \end{matrix}\right\}$ Y__ Z__ $\left\{\begin{matrix} J\_ K\_ \\ R\_ \end{matrix}\right\}$ F__；

圆弧插补程序段中指令和地址的含义如表 2-2 所示。

表 2-2　圆弧插补程序段指令

| 指令 | 说　明 |
| --- | --- |
| G17 | 指定 $XY$ 平面上的圆弧 |
| G18 | 指定 $ZX$ 平面上的圆弧 |
| G19 | 指定 $YZ$ 平面上的圆弧 |
| G02 | 圆弧插补，顺时针方向(CW) |
| G03 | 圆弧插补，逆时针方向(CCW) |
| X__ | $X$ 轴或它的平行轴的指令值 |
| Y__ | $Y$ 轴或它的平行轴的指令值 |
| Z__ | $Z$ 轴或它的平行轴的指令值 |
| I__ | $X$ 轴从起点到圆弧圆心的距离（带符号） |
| J__ | $Y$ 轴从起点到圆弧圆心的距离（带符号） |
| K__ | $Z$ 轴从起点到圆弧圆心的距离（带符号） |
| R__ | 圆弧半径(带符号) |
| F__ | 沿圆弧的进给速度 |

圆弧插补程序段中 G17、G18、G19 为平面选择指令，用来确定被加工圆弧所在平面。

圆弧插补程序段中地址 X、Y、Z 指出圆弧终点信息，用 G90 绝对值编程时，X、Y、Z 是终点绝对坐标值；用 G91 增量坐标编程时，X、Y、Z 是圆弧起点到圆弧终点的距离（增量值）。

FANUC 系统的圆弧插补程序段中可以使用地址 R 给定圆弧半径；也可以使用 I、J、K 地址给定圆心相对圆弧起点位置。

**（2）使用地址 R 指令的圆弧插补程序段**

如图 2-17 所示，采用带有地址 R 的指令插补顺时针圆弧 AB。R 用于给定圆弧半径，在起点 A 和终点 B 之间相同半径的圆弧有两个，一个是圆心角小于 180° 的圆弧 1，另一个是圆心角大于 180° 的圆弧 2，为区分这种情况，程序格式规定：当从圆弧起点到终点所移动的角度小于 180°，半径 R 用正值；圆弧超过 180° 时，半径 R 用负值，圆弧角正好等于 180° 时，R 取正、负值均可。

插补整圆轨迹不能使用 R 地址，只能用 I、J、K 地址。当插补接近 180° 中心角的圆弧时，计算圆心坐标可能包含误差，在这种情况下应该用 I、J 和 K 指令插补圆弧。

**【例 2-3】** 如图 2-17 所示，写出插补圆弧 AB 的程序段。

| | |
|---|---|
| G91 G02 X60.0 Y20.0 R50.0 F200.0; | 走圆弧 1，圆心角小于 180°（R 为正值） |
| G91 G02 X60.0 Y20.0 R-50.0 F200.0; | 走圆弧 2，圆心角大于 180°（R 为负值） |

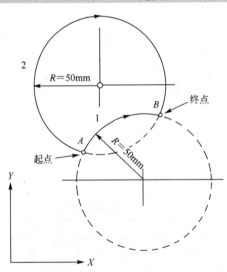

图 2-17　R 取正、负值的规定

**【例 2-4】** 图 2-18 刀具位于起点，编写图中从起点到终点运动轨迹的程序。

刀具轨迹编程如下。

① 绝对值编程，使用地址 R。

| | |
|---|---|
| G92 X200.0 Y40.0 Z0; | 刀具位于 A 点，设定程序原点 O |
| G90 G03 X140.0 Y100.0 R60.0 F300.0; | 切削圆弧 AB（逆圆插补） |
| G02 X120.0 Y60.0 R50.0; | 切削圆弧 BC（顺圆插补） |

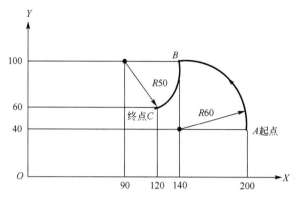

图 2-18　刀具中心轨迹编程

绝对值编程，使用地址 I、J、K。

```
G92 X200.0 Y40.0 Z0;                    刀具位于 A 点，设定程序原点 O
G90 G03 X140.0 Y100.0  I-60.0 F300.0;   切削圆弧 AB（逆圆插补）
G02 X120.0 Y60.0  I-50.0;               切削圆弧 BC（顺圆插补）
```

② 增量值编程，使用地址 R。

```
G91 G03 X-60.0 Y60.0 R60.0 F300.;       刀具于 A 点始，逆圆切削圆弧 AB
G02 X-20.0 Y-40.0 R50.0;                顺圆切削圆弧 BC
```

增量编程，使用地址 I、J、K。

```
G91 G03 X-60.0 Y60.0 I-60.0 F300.;      刀具于 A 点始，逆圆切削圆弧 AB
G02 X-20.0 Y-40.0 I-50.0;               顺圆切削圆弧 BC
```

**（3）使用 I、J、K 地址的圆弧插补程序段**

$I、J、K$ 用于表示圆弧圆心的位置，是圆心相对圆弧起点分别在 $X$ 轴、$Y$ 轴、$Z$ 轴方向上的增量值（有正负），当圆心在圆弧起点的正向，$I、J、K$ 取正值；当圆心在圆弧起点的负向，$I、J、K$ 取负值，如图 2-19 所示（图中 $I、J、K$ 是负值）。无论是在 G90 或 G91 下的插补圆弧程序段，$I、J、K$ 总是相对于圆弧起点的增量值，与程序中定义的 G90 或 G91 无关。程序规定 $I、J、K$ 为零时可以省略，即程序段中 I0、J0 和 K0 可以省略不写。

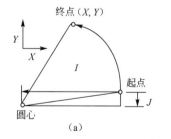
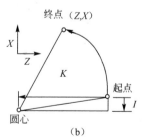
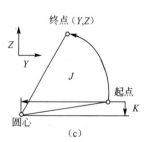

图 2-19　圆弧插补程序段中的 I、J、K 地址

**【例 2-5】** 图 2-20 所示，程序原点在 $O$，圆弧起点（40，20），圆弧终点（20，40），写出刀具走圆弧段轨迹的程序。

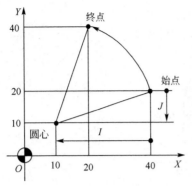

图 2-20　圆弧编程

① 绝对值编程（G90）时：

```
G54 G17 G90 G03 X20.0 Y40.0  I-30.0  J-10.0
F100.0;
```

② 增量值编程（G91）时：

```
G17 G91 G03 X-20.0 Y20.0  I-30.0  J-10.0  F100.0;
```

### 2.3.4　刀具沿 $Z$ 轴切入工件

在实际加工中都是有切削深度的，编程时由 $Z$ 轴运动指令实现材料深度方向的切削。铣削（加工中心）加工零件时，刀具在 $Z$ 轴方向相对工件有两个常用位置，这两个位置称为安全平面和参考平面，如图 2-21 所示钻孔过程中的安全平面和参考平面。

安全平面：在 $Z$ 向刀具起刀和退刀的位置必须离开工件上表面一个安全高度（通常取 20～100mm），以保证刀具在横向运动时，不与工件和夹具发生碰撞，在安全高度上刀尖所在平面称为安全平面（或称初始平面）。

参考平面（$R$ 面）：刀具切削工件前的切入距离，一般距工件上表面 1～7mm，此位置通常称为参考平面（或称 $R$ 面）。刀具从安全平面到参考平面，不宜采用切削，宜采用快速进给。刀具从参考平面开始，采用切削进给速度逐渐切入工件。

【例 2-6】　图 2-21 为钻孔加工，加工分为五步：①定位，在安全平面麻花钻定位在孔上方；②趋近加工表面，由安全平面（$A$ 点）快速进给至参考平面（$B$ 点）；③切削，从参考平面开始切削进给至孔底（$C$ 点）；④在孔底进给暂停 2s，确保孔底光滑；⑤返回，快速回到安全平面。按绝对方式编程（用 G54 定工件坐标系，工件上表面设为 $Z=0$）。

FANUC 程序规定允许省略程序段号 N，编制钻孔加工程序如下。

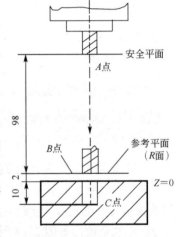

图 2-21　$Z$ 轴进给路线中的位置

```
O0045;                        程序名
G54 G90 G00 Z100.0 S500 M03;  选择工件坐标系，刀具快速定位于安全平面
Z2.0;                         安全平面至参考平面快速进给，A→B
G01 Z-10.0 F100.0;            由参考平面始，切削进给到C点，进给速度100mm/min
G04 X2.0;                     在C点进给暂停2s，主轴仍旋转切削，使孔底面表面光滑
G00 Z100.0;                   快速返回到安全平面，C→A
M02;                          程序停
```

【例 2-7】　采用 $\phi$8mm 的中心切削立铣刀，铣削宽 8mm、深 5mm 的整圆槽，如图 2-22 所示。

```
程序                          解释
O0045                         程序名；
G54 G90 G00 X0Y0 Z100.0 S500 M03;
                             选择工件坐标系，刀具快速定位于程序始点，启动主轴
```

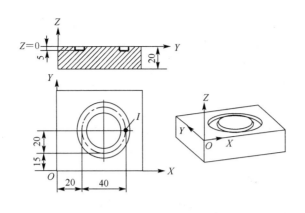

图 2-22　深 5mm 的整圆槽

| | |
|---|---|
| G00 X60.0 Y35.0; | 在安全平面上，刀具快速移动到 I 点上方 |
| Z2.0; | 定位于参考平面，切入点 |
| G01 Z-5.0 F20.0; | 下切到工件深度 5mm |
| G04 X2.0; | 进给暂停 2s，以保证槽底部光滑 |
| G03 I-20.0; | 逆时针切整圆槽（插补整圆，必须用 I、J、K 地址） |
| G04 X2.0; | 进给暂停 2s，以保证槽底部光滑 |
| G01 Z2. 0; | 抬刀至 R 面 |
| G00 Z50.0 | 快速返至安全平面 |
| X0 Y0 M30; | 返回到始点，程序结束 |

## 2.3.5　跟我学直线、圆弧切削编程

【例 2-8】　在 45 钢材料上铣削宽 10mm、深 5mm 的槽，如图 2-23 所示。

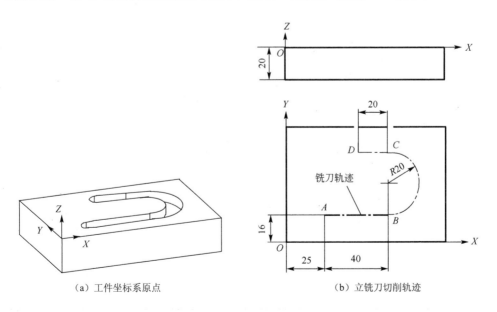

（a）工件坐标系原点　　　　　　　　（b）立铣刀切削轨迹

图 2-23　铣槽工件图

**（1）加工方案**

① 工件坐标系原点。槽位置的设计基准在工件左下角，根据基准重合原则，工件原点定在毛坯左下角的上表面，如图 2-23（a）所示。

② 工件装夹。采用平口虎钳装夹工件。

③ 刀具选择。采用φ10mm 的中心切削立铣刀，刀具能够径向切削和轴向钻削。

④ 立铣刀切削轨迹 $A \rightarrow B \rightarrow C \rightarrow D$，如图 2-23（b）所示。

**（2）加工程序**

编制铣削工件加工程序如表 2-3 所示。

表 2-3　铣槽加工程序

| 程　序 | 解　释 | 图　示 |
|---|---|---|
| O1200；<br><br>N01 G55 G90 G49 G40 G17；<br><br>N02 S500 M3；<br><br>N03 G00 X0 Y0 Z50.0； | 程序名<br><br>建立工件坐标系，保险程序段<br><br>主轴正旋<br><br>刀具定位于程序始点 | 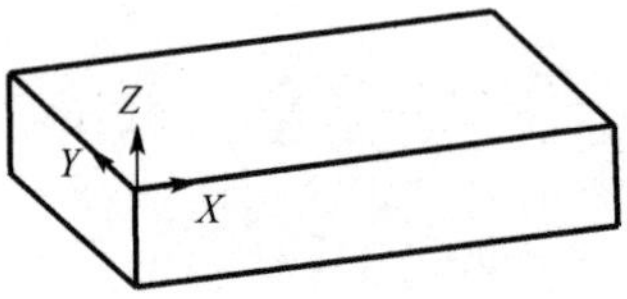 |
| N04 G00 X25.0 Y16.0； | 刀具在安全平面快速移动到 $A$ 点上方 | 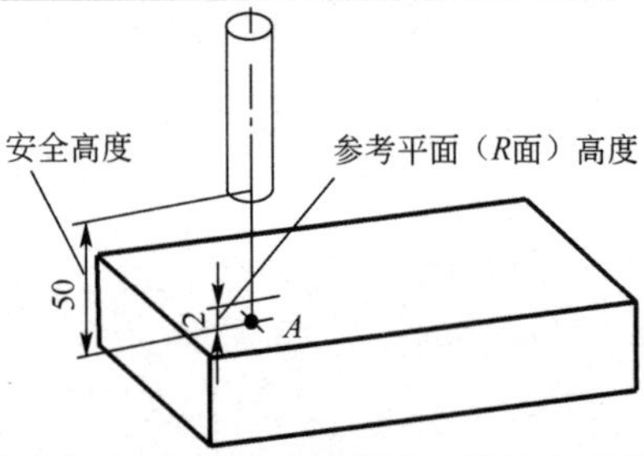 |
| N06 G00 Z2.0 ； | 刀具快速移动到 $R$ 平面，切入点位置 | 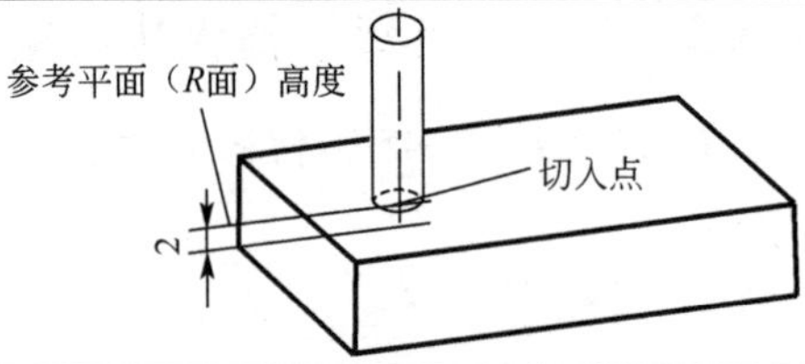 |
| N08 G01 Z-5.0 F100.0 ；<br><br>N10 G04 P2000； | 切入，$Z$ 向下刀到 $Z=-5mm$，进给速度 100mm/min<br><br>在槽底部暂停进给 2s，确保槽底表面光滑 | 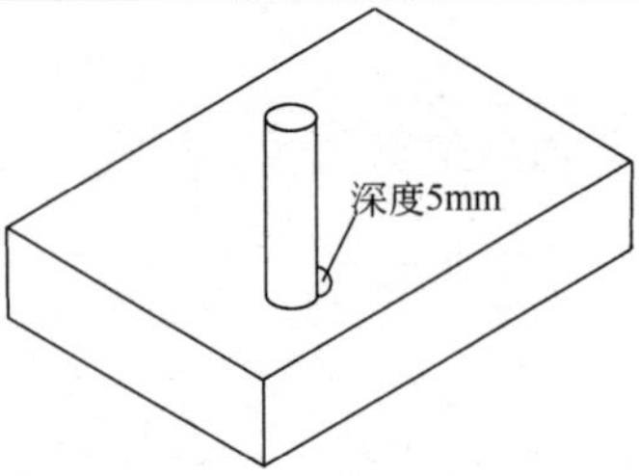 |
| N12 X65.0； | 切削直线 $AB$ | 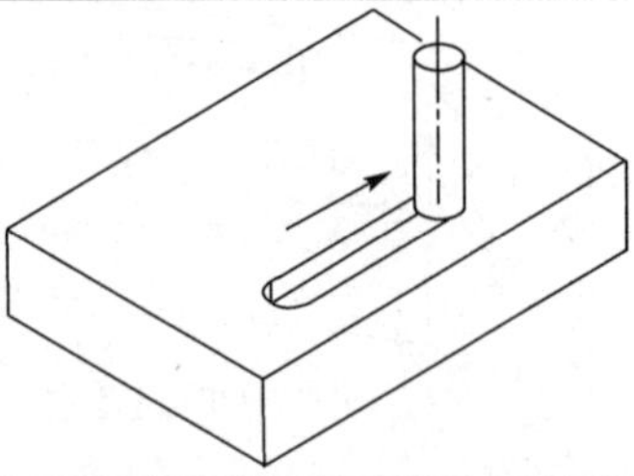 |

| 程　序 | 解　释 | 图　示 |
|---|---|---|
| N14 G03 Y56.0 R20.0 F100.0; | 切削圆弧 *BC* | 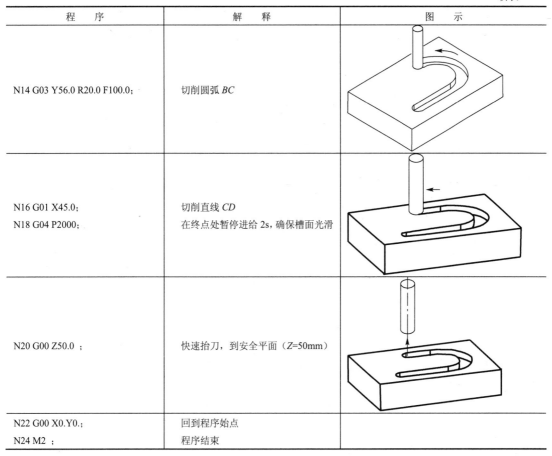 |
| N16 G01 X45.0;<br>N18 G04 P2000; | 切削直线 *CD*<br>在终点处暂停进给 2s，确保槽面光滑 | |
| N20 G00 Z50.0 ; | 快速抬刀，到安全平面（*Z*=50mm） | |
| N22 G00 X0.Y0.;<br>N24 M2 ; | 回到程序始点<br>程序结束 | |

观察例 2-8，铣削程序编制的思路及包含的基本内容如下。

① 程序初始状态设定——保险程序段（N01 段）。

开机时系统缺省 G 代码（如 G54、G90、G80、G40、G17、G49、G21 等）被激活。由于代码可能通过 MDI 方式或在程序运行中被更改，为了程序运行安全，程序的开始应有设定程序初始状程序段，也称为保险程序段，如下所示。

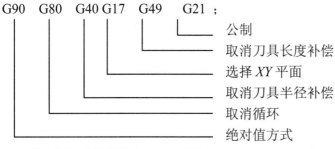

G90　G80　G40 G17　G49　　G21 ;
　　　　　　　　　　　　　　　　公制
　　　　　　　　　　　　　取消刀具长度补偿
　　　　　　　　　　选择 *XY* 平面
　　　　　　　取消刀具半径补偿
　　　　取消循环
　　绝对值方式

② 定位于程序始点（N03 段）。

③ 快速定位到切入点（N04～N06 段）。

④ 进刀，切入工件（N08 段）。

⑤ 切削（N10～N18 段）。

⑥ 退刀，退出工件（N20 段）。

⑦ 刀具快速返回程序始点（N22 段）。

⑧ 程序结束（N24 段）。

此外还可能包括换刀指令、刀具长度补偿、刀具半径补偿等。上述内容中①～⑧顺序，就是编程员分析程序和编制程序的思路。

### 2.3.6 返回参考点指令

**（1）参考点**

参考点是机床上的一个固定点，接通机床电源后通过手动回参考点（或称返回零点）在系统中建立机床坐标系。通常加工中心在参考点位置上交换刀具。用参考点返回功能，刀具可以快速移动到参考点位置。

用参数 1240～1243 可在机床坐标系中设定 4 个参考点，如图 2-24 所示。

**（2）返回参考点指令（G28）**

返回参考点是指刀具经过中间点沿着指定轴自动地移动到参考点。当返回参考点完成时表示返回完成的指示灯亮。G28 指令格式如下。

G28 X__ Y__ Z__；返回参考点

程序段中的"X__ Y__ Z__"指定返回过程中必须经过的中间点位置，如图 2-25 所示的 B 点位置。

各轴以快速移动速度对中间点或参考点定位，经过中间点移动到参考点。为了安全，在执行该指令之前，应该清除刀具半径补偿和刀具长度补偿。中间点的坐标可以用绝对值指令或者增量值指令。

例：N1 G28 X40.0 Y60.0；　　　　经过中间点（X40.0，Y60.0），返回到参考点

**（3）返回到第 2、3、4 参考点指令(G30)**

指令格式：

G30 P2 X__ Y__ Z__；返回第 2 参考点（P2 可以省略）

G30 P3 X__ Y__ Z__；返回第 3 参考点

G30 P4 X__ Y__ Z__；返回第 4 参考点

程序段中的"X__ Y__ Z__"指定返回过程中必须经过的中间点位置，如图 2-25 所示的 B 点位置。

在没有绝对位置检测器的系统中，只有在执行过自动返回参考点（G28）或手动返回参考点之后，才可使用返回第 2、3、4 参考点功能。通常当刀具自动换刀位置与第 1 参考点不是同一个位置时，使用 G30 指令。

**（4）从参考点返回指令（G29）**

从参考点返回是指刀具从参考点经过中间点（G28 指令中的中间点）沿着指定轴自动地移动到指定的目标点。

指令格式：

G29 X__ Y__ Z__；

程序段中的"X__ Y__ Z__"指定从参考点返回到的目标点位置，如图 2-25 所示的 C

图 2-24　机床零点和参考点

点位置。可以用绝对值或增量值坐标尺寸。对增量值编程，G29 目标点的指令值是离开中间点的增量值。

G29 指令时刀具从参考点经过中间点沿着指定轴自动地移动到目标点（图 2-25 中 C 点）。一般情况下在 G28 或 G30 指令后，可立即指定 G29 从参考点返回指令。

**（5）返回参考点检查指令（G27）**

返回参考点检查是检查刀具是否已经正确地到达程序中指定的参考点。

指令格式：

G27 X__ Y__ Z__；

程序段中的"X__ Y__ Z__"指定参考点的位置。

刀具快速移动定位，如果刀具准确到达了参考点，返回参考点指示灯亮。如果刀具到达的位置不是参考点，则显示报警（092 号）。

在偏置方式中，用 G27 指令刀具到达的位置是加上偏置数值获得的位置，如果加上偏置值的位置不是参考位置则指示灯不亮，显示报警。通常在指令 G27 之前应清除刀具偏置。

机床锁住接通状态。在机床锁住开关接通时即使刀具已经自动地返回到参考点，返回完成指示灯也不亮。在这种情况下即使指定 G27 指令，也不检测刀具是否已经返回到参考点。

**（6）回参考点编程练习**

【例 2-9】 从某位置 A 点返回到参考点 R，换刀后再从参考点返回到另一位置 C 点。点坐标如图 2-25 所示，A（200，300），B（1000，500），C（1300，200），试编写其程序。

程序内容包括：①刀具从 A 点返回到参考点 R；②换刀；③刀具从参考点 R 经过中间点 B，移动到指定点 C。程序编制如下。

```
G28 G90 X1000.0 Y500.0;        从 A 经过中间点 B，返到参考点 R 点
T0808;                          在参考点换刀
G29 X1300.0 Y200.0              从参考点 R 经过中间点 B，到指定 C 点
```

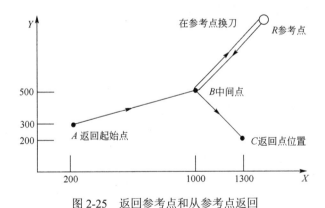

图 2-25　返回参考点和从参考点返回

# 2.4　刀具补偿功能

加工工件时刀具的轨迹与刀具尺寸有关，刀具的尺寸分为刀具长度和刀具直径。在加工之前设置刀具的尺寸值称为刀具补偿，或称为刀具偏置。

### 2.4.1 刀具端刃加工补偿——刀具长度补偿指令

在一个程序中使用几把刀具时，每把刀具的长度总会有所不同，此时可使用刀具长度补偿功能。根据刀具长度的补偿轴不同，FANUC 系统有两种刀具的长度偏置方法，即刀具长度补偿功能 A 和刀具长度补偿功能 B。

（注：用参数 No.5001#0 和 No.5001#1 选择刀具长度偏置 A 或刀具长度偏置 B。）

**（1）刀具长度偏置 A（沿 Z 轴补偿刀具长度的差值）**

仅需要沿 Z 轴方向补偿刀具长度，则采用刀具长度补偿功能 A。

刀具长度补偿指令格式为：

G43 Z__ H××；

G44 Z__ H××；

G49

H×× 是刀具偏置存储地址（或称偏置号），其中"××"为 00～99 的两位数字。其数控系统屏面如图 2-26 所示。该图中有两种代码——H 和 D，如果把系统参数 No.5001 的第#2 位设为 0，则 H 代码用于刀具长度补偿，D 代码用于刀具半径补偿。系统规定地址 H00 的刀具长度偏置值为 0，不能对 H00 设置非零值。

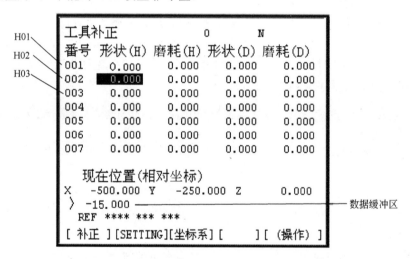

图 2-26　刀具偏置存储地址屏面（H 地址和 D 地址）

"G43"是刀具长度正向补偿，当指定 G43 时，将补偿值（存储在 H×× 中的值）加在程序指令中 Z 坐标值上，作为刀具实际上 Z 轴的位移值。

"G44"是刀具长度负向补偿，当指定 G44 时，将程序指令中 Z 坐标值减去补偿值（存储在 H×× 中的值），作为刀具实际上 Z 轴的位移值。

不管选择的是绝对值还是增量值，补偿后的坐标值表示补偿后的刀具终点位置。G43 和 G44 是模态 G 代码，程序指定后一直有效，直到指定同组的 G 代码。

当由于偏置号改变使刀具偏置值改变时，偏置值变为新的刀具长度偏置值，新的刀具长度偏置值不加到旧的刀具偏置值上。例如 H1 存值 20.0，H2 存值 30.0，程序：

N10 G90 G43 Z100.0 H1；（Z 轴实际移动到 120.0）

N20 G90 G43 Z100.0 H2；（Z 轴实际移动到 130.0）

由于刀具补偿指令是模态的，取消刀具长度补偿需用 G49 或 H00，G49 是缺省指令，即数控机床开机时，系统自动进入"刀补取消"状态。

**（2）跟我学把刀具长度差值设为补偿值操作**

使用多把刀具加工时，把其中一把刀具的长度作为标准刀具，标准刀具长度补偿设为零，其他刀具的长度相对于标准刀具长度的差值作为刀具补偿值，存入相应的 H×× 代码中。例如一个程序中同时使用三把刀 T01、T02、T03，它们的长度各不相同，如图 2-27 所示。用刀具 T01 端面作为标准刀位点编程，经测量，T02 长度较 T01 短 15mm，T03 长度较 T01 长 17mm。这三把刀的长度补偿值分别为"0"、"–15"、"17"，并将后两个数分别存入地址 H02 和 H03，存储后屏显数据如图 2-28 所示。H 地址存储操作步骤如表 2-4 所示。

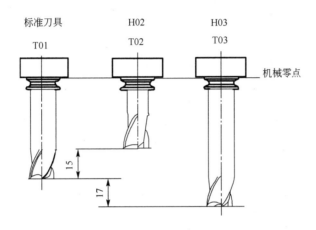

图 2-27　用刀具长度差值设定补偿值

表 2-4　显示和存储刀具偏移数据（H）操作步骤

| 步骤 | 按　键 | 说　明 |
|---|---|---|
| 1 | OFFSET SETTING | 将屏幕显示切换至"OFS/SET"（刀偏/设定）方式 |
| 2 | 软键[坐标系] | 显示工件坐标系设定屏面，如图 2-26 所示 |
|  | 或"PAGE"换页键 | 切换屏幕显示，找出图 2-26 所示屏显 |
| 3 | ⊘ | 将操作面板上的数据保护键置"0"，使得数据可以写入 |
| 4 | 光标移动 | 将光标移动到想要改变的 H 地址，例如 H02　（图 2-26 中所示黑色区域为光标） |
| 5 | 数字键→软键[输入] | 通过数字键输入刀具长度补偿值（刀偏值），例如"–15.0"，显示在缓冲区（见图 2-26），然后按下软键[输入]，输入的值被指定为工件原点偏移数据，如图 2-27 所示 |
| 6 | 重复第 4 步和第 5 步 | 存储其他地址的偏移数据。H02、H03 存储完毕的屏显如图 2-27 所示 |
| 7 | ⊘ | 将操作面板上的数据保护键置"1"，禁止写入数据（保护数据） |

在程序中 T02 刀具长度补偿的程序为：

```
T02 M06;
G90 G43 Z45.0 H02;
```

本段程序段 Z 值为 45.0，如果没有 G43 指令，由于 T02 刀比 T01 刀短 15mm [图 2-29（a）]，T02 刀实际 Z 轴位置为"45+15=60mm"。执行 G43 指令是从 Z 指令值中加"–15"（H02 中的值），Z 轴实际值为"45+（–15）=30"，相当于 T02 刀具端面至 Z=45mm 处，如图 2-29（b）

所示。

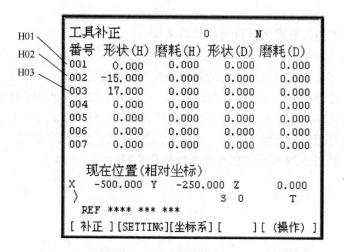

图 2-28　在 H01、H02、H03 地址中存储刀具长度补偿值屏显

如果 H02 中存入值为"15.0"，则刀补程序用 G44 指令，即 G90 G44 Z45.0 H02;。

T03 刀具长度补偿的程序：

```
T03 M06;
G90 G43 Z45.0 H03;          （T03 刀具长度补偿的程序）
```

本段程序段 Z 值为 45.0，如果没有 G43 指令，由于 T03 刀比 T01 长 17mm，T03 刀到图 2-29（a）所示位置。执行 G43 程序，在 Z 指令值上加上 17mm（H03 中的值），T03 刀的 Z 轴实际值为"45+17=62"，相当于 T03 刀具端面至 Z=45mm 处，如图 2-29（b）所示。

经过刀具长度补偿，使三把长度不同的刀具处于同一个 Z 向高度（Z=45 处），如图 2-29（b）所示。G43、G44 是模态指令，程序中只要不取消该指令，这三把刀具就处于相同 Z 值位置。

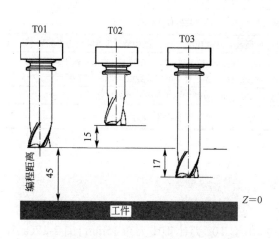

（a）没有 G43 指令刀具位置

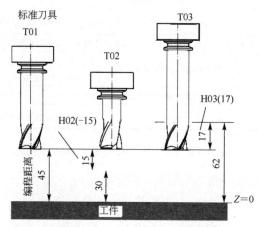

（b）执行 G43 指令后刀具位置

图 2-29　长度补偿刀具位置

### （3）以刀具伸出长度为偏移值

以主轴端为刀位点编程，将每个刀具伸出长度值设为长度偏移值。首先将刀具装入刀柄，然后在对刀仪上测出每个刀具前端到刀柄校准面（即刀具锥部的基准面）的距离，将此值作为刀具补偿值存入地址 H 中。例如，实测 T01 刀伸出长度 100mm、 T02 刀伸出长度 85mm、T03 刀伸出长度 117mm，如图 2-30（a）所示。把刀伸出长度分别存入 H01、H02、H03 地址中，屏显如图 2-30（b）所示。程序中用 G43 指令对每个刀具进行长度补偿，使三个长度不同的刀具端面处于同一高度，如图 2-31 所示。

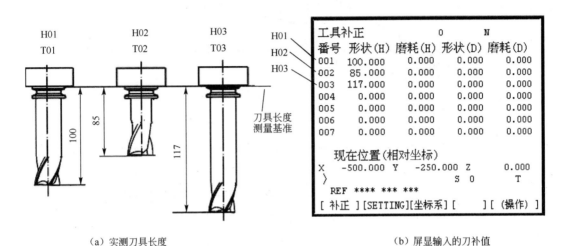

（a）实测刀具长度　　　　　　　　　　　　　　（b）屏显输入的刀补值

图 2-30　用刀具伸出长度值设定长度偏置值

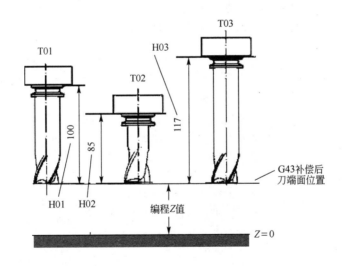

图 2-31　T01、T02 和 T03 经过 G43 补偿后刀具位置

### （4）长度补偿修正

刀具的长度与编程位置不一致，可以用长度补偿修正刀具 Z 轴位置。

【例 2-10】 零件如图 2-32 所示，该工件平面部分已加工，需用数控机床在其上钻削 3

个孔。钻头重磨安装后的长度与原位置不一致（刀端面短 4mm），采用刀具长度补偿使刀具伸长 4mm，可不用重新对刀。

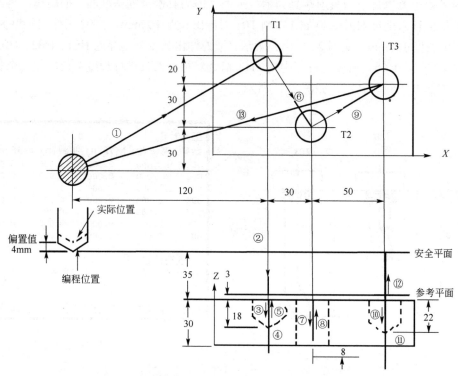

图 2-32　采用了刀具长度补偿的钻削

解：采用了刀具长度补偿的钻削加工程序如下。其中，N2 段是刀具长度补偿，把刀具长度补偿值–4.0mm 存入 H1，运行 N2 段程序，可使刀具伸长 4mm。

| | |
|---|---|
| N1　G91　G00　X120.0　Y80.0; | ①增量编程，快速定位至 T1 孔上方，高度位于安全平面 |
| N2　G43　Z-32.0　H1; | ②刀具长度补偿，刀端定位至参考平面（H1 中存有-4mm） |
| N3　G01　Z-21.0　F1000; | ③钻孔，深度至 18mm |
| N4　G04　P2000; | ④孔底暂停进给 2s（为保证孔底粗糙度） |
| N5　G00　Z21.0; | ⑤快速抬高至参考平面 |
| N6　X30.0　Y-50.0; | ⑥定位于 T2 孔 |
| N7　G01　Z-41.0; | ⑦钻透孔，超底面 8mm |
| N8　G00　Z41.0; | ⑧快速抬高至参考平面 |
| N9　X50.0　Y30.0; | ⑨定位于 T3 孔 |
| N10　G01　Z-25.0; | ⑩钻孔深度至 22mm |
| N11　G04　P2000; | ⑪孔底暂停进给 2s（为保证孔底光滑） |
| N12　G00　G49　Z57.0　H0; | ⑫快速至安全平面，取消长度补偿。G43 补偿之后必须有 G49 |
| N13　X-200.0　Y-60.0; | ⑬返回至起始点 |
| N14　M2; | 程序结束 |

**（5）刀具长度偏置 B（沿 X 轴、Y 轴或 Z 轴补偿刀具长度的差值）**

当刀具长度偏置不限于 Z 轴，而是在 X 轴、Y 轴或 Z 轴三个轴的方向上补偿刀具长度的差值时，采用刀具长度补偿功能 B。

程序格式：

$$\begin{Bmatrix} G17 \\ G18 \\ G19 \end{Bmatrix} \begin{Bmatrix} G43 \\ G44 \end{Bmatrix} \begin{Bmatrix} X \\ Y \\ Z \end{Bmatrix} H\underline{\quad}; \quad 或者 \begin{Bmatrix} G17 \\ G18 \\ G19 \end{Bmatrix} \begin{Bmatrix} G43 \\ G44 \end{Bmatrix} H\underline{\quad};$$

程序中把垂直于由 G17、G18、G19 所指定平面的轴作为偏置轴。用两个以上的程序段可以指令多轴偏置。例如在 X 轴和 Y 轴的偏置程序：

```
G19 G43 H__; 沿 X 轴偏置补偿
G18 G43 H__; 沿 Y 轴偏置补偿
```

指定 G49 或 H0 可以取消刀具长度偏置，用刀具长度偏置 B 沿两个或更多轴执行偏置之后，用指定 G49 取消沿所有轴的偏置，如果指定 H0 仅取消沿垂直于指定平面的轴的偏置。

## 2.4.2 刀具侧刃加工补偿——刀具半径补偿指令

### （1）刀具半径补偿功能

半径补偿可使刀具实际轨迹沿编程路线偏移（等距平移）给定的补偿值。例如图 2-33 所示的圆柱铣刀切削轮廓面，立铣刀刀位点位于端部圆心，切削点位于端部外圆上。以刀位点为基准编写的走刀路线，实际切削面是由刀具上切削点形成的，编程位置与切削表面相差一个刀具半径值，如图 2-33 中俯视图所示。为避免过切，编程路线需要与实际轮廓相差半径值，增加了编程路线的计算量。使用半径补偿可以以零件轮廓为编程路线，通过程序中的刀具半径补偿，使实际加工时刀具轨迹偏移零件轮廓一个半径值，从而达到加工轮廓的要求。

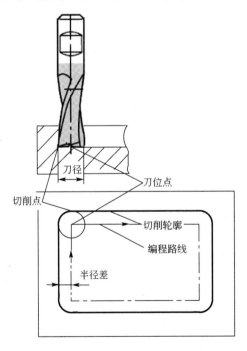

图 2-33　编程轨迹与切削轮廓相差半径距离

（2）半径补偿程序格式

在 XY 面内刀具半径补偿程序格式：

$$G17\begin{Bmatrix}G00\\G01\end{Bmatrix}\begin{Bmatrix}G41\\G42\end{Bmatrix}X\_\_Y\_\_D\_\_F\_\_;$$

在 ZX 面内刀具半径补偿程序格式：

$$G18\begin{Bmatrix}G00\\G01\end{Bmatrix}\begin{Bmatrix}G41\\G42\end{Bmatrix}X\_\_Z\_\_D\_\_F\_\_;$$

在 YZ 面内刀具半径补偿程序格式：

$$G19\begin{Bmatrix}G00\\G01\end{Bmatrix}\begin{Bmatrix}G41\\G42\end{Bmatrix}Y\_\_Z\_\_D\_\_F\_\_;$$

程序段中各指令的用途如下。

① G17、G18、G19——选择平面，一般数控机床的刀具半径补偿只限于在两维平面内进行，所以需要选择偏置平面。G17 选择 XY 平面；G18 选择 XZ 平面；G19 选择平面 YZ。

② G41——左侧刀具半径补偿，即沿刀具运动方向看去，刀具中心偏移到编程轨迹左侧，相距一个补偿量，如图 2-34 所示，此时是顺铣。

G42——右侧刀具半径右补偿，即沿刀具运动方向看去，刀具中心偏移到编程轨迹右侧，相距一个补偿量，如图 2-35 所示，此时是逆铣。

③ G00（G01）——建立和取消刀具半径补偿必须与 G01 或 G00 指令组合完成（不能用 G02 或 G03），实际编程时建议与 G01 组合。

④ X、Y、Z——为建立刀具补偿程序段的运动终点坐标。

⑤ D ——D 代码（刀具偏置号）。D 代码内存刀具半径补偿的偏置量，用于指定刀具偏置值（刀具半径补偿值），如图 2-28 所示（当参数 OFH .5001 第 2 位（#2） 设为 0 时，D 代码可以用 H 代码指定）。

⑥ F—— 指定沿圆弧切削进给速度。

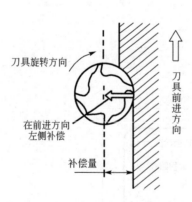

图 2-34　G41 刀具半径左补偿

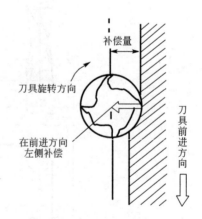

图 2-35　G42 刀具半径右补偿

（3）取消刀具半径补偿

取消刀具半径补偿指令为 G40 G01（或 G40 G00）。G40 可用 D00 替代。

G40 必须与 G01 或 G00 指令组合完成，当执行偏置取消时圆弧指令 G02 和 G03 无效，产生 P/S 报警（034 号），并且刀具停止移动。

G41、G42、G40 均为 07 组模态码，G40 为缺省指令，即当电源接通时 CNC 系统处于刀偏取消方式，补偿偏置矢量是 0，刀具中心轨迹和编程轨迹一致。

**（4）执行半径补偿程序刀具动作过程**

图 2-36 中实线所示为工件轮廓，工件轮廓是编程路线，即立铣刀中心（刀位点）轨迹，为避免过切，采用刀具半径补偿，刀具实际轨迹如图 2-36 中虚线所示。

刀具执行半径补偿过程，由图 2-36 中①～③三部分组成，即①起刀；②在偏置方式中；③偏置取消。CNC 系统在处理半径补偿程序段时预读 2 个程序段。

① 起刀。在半径偏置取消方式下由刀具半径补偿指令(G41\G42)，建立刀具半径补偿，称为起刀。起刀过程必须在直线运动中完成，即 G41\G42 指令应与 G00 或 G01 指令组合，不能与圆弧插补 G02、G03 指令组合。

② 在偏置方式中。起刀后刀具处在偏置方式中，此时定位 G00、直线插补 G01 或圆弧插补 G02、G03 都可实现半径补偿，如果在偏置方式中切换偏置平面，则出现 P/S 报警（037 号），并且刀具停止移动。

③ 偏置取消。切削工件后，应取消刀具半径补偿，即执行 G40 或 D00。

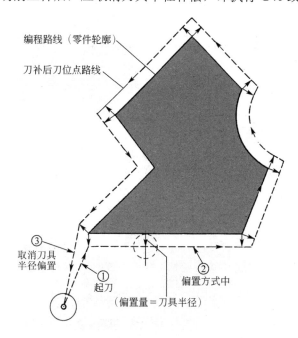

图 2-36　刀具半径补偿执行过程

**（5）半径补偿编程举例**

**【例 2-11】** 采用立铣刀，编写走刀一次，精铣零件外形轮廓（图 2-37）的程序。

工艺方案如下。

① 刀具：$\phi$10mm 立铣刀。

② 安全高度：50mm；工件厚度：10mm。

③ 进刀/退刀方式：半径为 10mm 的 1/4 圆弧轨迹切入工件，沿加工表面切向进刀；直线轨迹退刀，退刀距离 20mm，如图 2-37 所示。

④ 刀具补偿：刀具半径右补偿方式。

⑤ 编程路线：以工件轮廓为编程路线，采用刀具半径补偿后，刀具实际轨迹如图 2-37 中虚线所示。

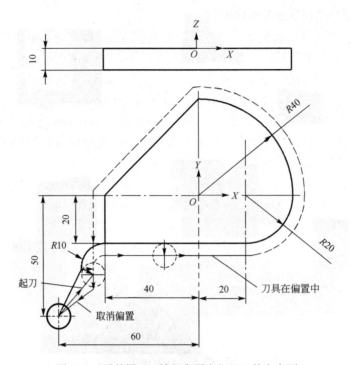

图 2-37　零件图（Z 轴程序原点位于工件上表面）

编制程序如下。

| O0110; | 程序号，第 0110 号程序 |
|---|---|
| N02 G54 G90 G49 G40; | 建立工件坐标系，绝对坐标编程，取消刀具补偿 |
| G17 G00 X0 Y0; | 选择 XY 平面，快速移动至原点上方 |
| N04 Z50. S1000 M03; | 快速到安全平面，主轴正转 |
| N06 X-60. Y-50.; | 在安全平面上，刀具快速移动到工件边界外 |
| N08 Z5. M08; | 快速移动到 R 面，开冷却液 |
| N10 G01 Z-11. F20.; | 以切削进给速度下刀 |
| N12 G42 X-50. Y-30. D01 F100.; | 起刀，建立刀具半径右补偿 |
| N14 G02 X-40. Y-20. I10.; | 以半径为 10mm1/4 圆弧轨迹切入工件 |
| N16 G01 X20.; | 切削直线轮廓 |
| N18 G03 X40. Y0 I0 J20.; | 逆时针圆弧切削 |
| N20 X0 Y40. I-40.; | 逆时针圆弧切削 |
| N22 G01 X-40. Y0.; | 切削直线轮廓 |
| N24 Y-35.; | 切削直线轮廓并沿直线切出（切出距离 15mm） |
| N26 G00 G40 X-60. Y-50.; | 取消偏置（取消刀具半径补偿） |
| N28 G00 Z50.; | 抬刀至安全平面 |
| N30 M30; | 程序结束并返回 |

**（6）刀具半径补偿功能的应用**

① 方便编程，直接按零件图样所给尺寸编程。如例 2-11，在编程时不考虑刀具的半径，

直接按图样所给尺寸编程。在程序中加入刀具半径指令，可满足加工尺寸要求。

② 用于改变刀具位置，调整加工尺寸。利用同一把刀具、同一个加工程序完成粗、精两次走刀切削，方法是在刀补号（例如 D01）中，手动存入不同的刀具偏移补偿值，分别两次运行程序，可以实现粗、精两次铣加工外廓形。如图 2-38 所示，刀具半径值 $r$，精加工余量 $\Delta$，两次走刀，切削外轮廓。

a. 粗加工时，刀具半径补偿量设定为 $r+\Delta$，切削时刀具中心位置如图 2-38 左侧所示，刀具加工出虚线轮廓，留下精切余量为 $\Delta$。

b. 精加工时，程序和刀具均不变，将半径补偿量设定为 $r$，切削时刀具中心位置如图 2-38 右侧所示，可以将余量 $\Delta$ 切除，刀具加工出实线轮廓。

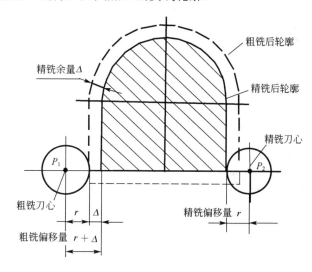

图 2-38  改变刀具半径补偿值进行粗、精加工

③ 采用正/负刀具半径补偿加工公和母两个形状。如果偏置量是负值，则 G41 和 G42 互换，即如果刀具中心正围绕工件的外轮廓移动，它将绕着内侧移动，相反亦然。如图 2-39 所示，按工件轮廓编程，加工外轮廓时输入的半径偏置量是正值，刀具中心轨迹如图 2-39（a）所示；当偏置量改为负值时，刀具中心轨迹如图 2-39（b）所示。所以同一个程序，能够加工零件公和母两个形状，并且它们之间的间隙可以通过改变偏置值的大小进行调整。

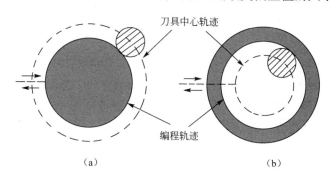

图 2-39  当指定正和负刀具半径补偿值时的刀具中心轨迹

## 2.4.3  利用程序指令设定刀具补偿值（G10）

观察刀具补偿屏面（图 2-26），刀具补偿代码 D 和 H,包括刀具几何补偿值和刀具磨损

补偿值。在部分数控系统（如 FAUNC）中，刀具补偿参数 D、H 具有相同的功能，可以任意互换，它们表示数控系统中补偿存储地址。在加工中心，为了防止出错，一般人为规定 H 为刀具长度补偿地址，补偿号为 1～20，D 为刀具半径补偿地址，补偿号从 21 开始（20 把刀的刀库）。

编程时，可以用 G10 指令设定刀具长度补偿和刀具半径补偿的偏置量。程序段格式：

$$\left\{ \begin{matrix} G90 \\ G91 \end{matrix} \right\} \ G10\ P\_\_\ R\_\_$$

在程序段中，P 指定刀具补偿号；R 指定偏置量，G90 方式时，R 后面的值为重新设定的刀具补偿值；G91 方式时，R 后面的值与刀具补偿号中原值相加，为新刀具补偿值。

在加工中，用 G10 指令改变刀具长度补偿值，可以完成刀具轴向分层多次走刀切削；若改变刀具半径补偿值，则可实现刀具径向多次走刀切削，例如，对某一表面的粗、半精和精加工。用 G10 指令改变刀具偏置值，操作者可在刀偏存储画面中看到被修改的刀偏值，而且比操作者手动修改要快速可靠。在程序结束前应把刀偏值恢复到初始值，否则再次调用补偿时会发生错误。

# 2.5 孔加工固定循环

## 2.5.1 固定循环概述

### （1）孔加工固定循环种类

钻一个孔需要多个工步，如孔定位、快速趋近、钻孔、快速返回等，所以在例题 2-6 中，编写了多个程序段。固定循环是用一个指令完成多工步加工，同样是例题 2-6，采用固定循环只要一个 G82 指令即可完成加工。因此固定循环指令能够缩短程序，简化编程。表 2-5 列出了 FANUC 系统孔加工固定循环的种类。

表 2-5 孔加工固定循环

| G 代码 | 钻削（–Z 方向） | 在孔底的动作 | 回退（Z 方向） | 应 用 |
|---|---|---|---|---|
| G73 | 间歇进给 | — | 快速移动 | 高速深孔钻循环 |
| G74 | 切削进给 | 停刀→主轴正转 | 切削进给 | 左旋攻螺纹循环 |
| G76 | 切削进给 | 主轴定向停止 | 快速移动 | 精镗循环 |
| G80 | 切削进给 | — | — | 取消固定循环 |
| G81 | 切削进给 | — | 快速移动 | 钻孔循环，点钻循环 |
| G82 | 切削进给 | 停刀 | 快速移动 | 钻孔循环，锪镗循环 |
| G83 | 间歇进给 | — | 快速移动 | 深孔钻循环 |
| G84 | 切削进给 | 停刀→主轴正转 | 切削进给 | 攻螺纹循环 |
| G85 | 切削进给 | — | 切削进给 | 镗孔循环 |
| G86 | 切削进给 | 主轴停止 | 快速移动 | 镗孔循环 |
| G87 | 切削进给 | 主轴正转 | 快速移动 | 背镗循环 |
| G88 | 切削进给 | 停刀→主轴正转 | 手动移动 | 镗孔循环 |
| G89 | 切削进给 | 停刀 | 切削进给 | 镗孔循环 |

**（2）取消孔加工固定循环**

G73、G74、G76 和 G81～G89 是模态代码，所以固定循环指令加工孔完成后，应取消固定循环。G80 为孔加工固定循环取消指令，使用 G80 或 01 组 G 代码都可以取消固定循环。

### 2.5.2 钻孔加工循环（G81、G82、G73、G83）

**（1）钻孔循环 G81**

主要用于中心钻头加工定位孔和一般孔加工，其程序段格式为：

$$\begin{Bmatrix} G98 \\ G99 \end{Bmatrix} G81\ X\_\_\ Y\_\_\ Z\_\_\ R\_\_\ F\_\_\ K\_\_;$$

程序段中各指令的用途如下。

① G90、G91——选择数据形式。G90 沿着钻孔轴的移动距离用绝对坐标值；G91 沿着钻孔轴的移动距离用增量坐标值，如图 2-40 所示。G90 为缺省指令。

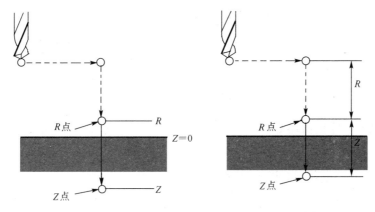

（a）G90（绝对值指令）　　　　　　（b）G91（增量值指令）

图 2-40　沿着钻孔轴的移动距离采用 G90（绝对坐标）和 G91（增量坐标）

- - - → 快速定位 G00；　——→ 切削进给 G01

钻孔刀具在 Z 向有两个位置：安全平面和参考平面（R 面），安全平面是指刀具距工件上表面的安全高度，通常取 20～100mm；参考平面（R 面）高度是刀具切削工件前的切入距离，一般距工件上表面 1～7mm。刀具从安全平面到 R 平面，采用快速进给(图中虚线箭头)；刀具从 R 面开始，采用切削进给速度（图中实线箭头）切入工件。

② G98、G99——选择刀尖返回点平面指令。G99 指令指定当刀尖到达孔底后返回到 R 面，G98 指令指定当刀尖到达孔底后返回到安全平面，如图 2-41 所示。G98 为缺省指令。同时加工多孔时，一般情况下 G99 用于第一次钻孔，而 G98 用于最后钻孔。在 G99 方式中执行钻孔，安全平面位置被存储，加工循环中不变。

③ X、Y——孔位置坐标。

④ Z——Z 轴孔底位置。

⑤ R——R 点位置（参考平面高度）。

⑥ F——指定切削进给速度。

⑦ K——指定加工孔的重复次数，K 仅在被指定的程序段内有效。当以增量方式 G91 指定第一孔位置，则对等间距孔进行钻孔。如果用绝对值方式 G90 指令指定孔的位置，则在

相同位置重复钻孔。不写 K 时，默认为 K1。一般都是钻一次孔，所以通常在指令中省略。

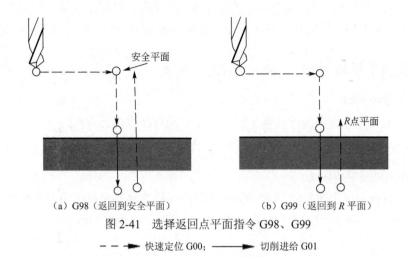

（a）G98（返回到安全平面）　　　（b）G99（返回到 R 平面）

图 2-41　选择返回点平面指令 G98、G99

– – ► 快速定位 G00；——► 切削进给 G01

钻孔过程：在指定 G81 之前用辅助功能 M 代码启动主轴，刀具在安全平面上沿着 X 轴、Y 轴定位，然后快速移动到 R 点。从 R 点到 Z 点执行钻孔加工。钻孔完成后刀具快速退回。如图 2-42 所示。当在固定循环中指定刀具长度偏置 G43、G44 或 G49 时，在定位到 R 点的同时附加上偏置量。

**（2）钻孔循环、锪镗循环 G82**

主要用于盲孔和锪孔加工，其程序段格式为：

$$\left. \begin{matrix} G98 \\ G99 \end{matrix} \right\} G82 \ X\_\_ \ Y\_\_ \ Z\_\_ \ R\_\_ \ P\_\_ \ F\_\_ \ K\_\_;$$

程序段中，P 指定进给暂停时间。

进给暂停时间由 "P\_\_" 或 "X\_\_" 代码指定，由地址 P 指定时，时间单位是 ms，例如 P100，进给暂停时间为 100ms；由地址 X 指定时，时间单位是 s，例如 X1.5，进给暂停时间为 1.5s。

G82 钻孔动作如图 2-43 所示。该循环动作与 G81 基本相同，不同之处是 G82 循环在孔底有进给暂停，因此所切削的孔底平整、光滑。适用于盲孔，锪孔加工。

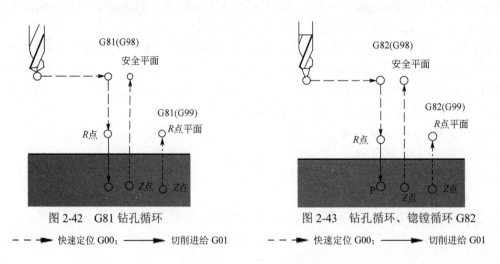

图 2-42　G81 钻孔循环　　　　　图 2-43　钻孔循环、锪镗循环 G82

– – ► 快速定位 G00；——► 切削进给 G01　　　– – ► 快速定位 G00；——► 切削进给 G01

**（3）高速深孔钻孔（啄钻）G73**

用于钻深孔，其程序段格式为：

$$\begin{Bmatrix} G98 \\ G99 \end{Bmatrix} \text{G73 X\_\_ Y\_\_ Z\_\_ R\_\_ Q\_\_ F\_\_ K\_\_;}$$

程序段中，Q 指定每次进给切削时的切削深度，一般取 2～3mm。

G73 高速深孔钻循环特点是刀具沿着 Z 轴执行间歇进给，动作循环如图 2-44 所示。采用间歇往复进给切削，使切屑容易从孔中排出，有利于钻深孔。每次进给切削时的切削深度（即图 2-44 中的 q 值，图中的 d 为回退抬刀量）由系统内部设定（有的为 0.1mm，可通过设定参数 5114 加以改变），刀具钻到孔底返回。该钻孔方法抬刀距离短，比 G83 钻孔速度快。

**（4）小孔深孔排屑钻孔循环 G83**

用于钻小直径深孔，其程序段格式为：

$$\begin{Bmatrix} G98 \\ G99 \end{Bmatrix} \text{G83 X\_\_ Y\_\_ Z\_\_ R\_\_ Q\_\_ F\_\_ K\_\_;}$$

G83 加工循环动作如图 2-45 所示。该循环中的 q 和 d 与 G73 循环中的含义相同，其与 G73 指令的区别：G83 中每次进刀 q 后以"G00"快速返回到 R 面，更有利于钻削小直径深孔排屑。

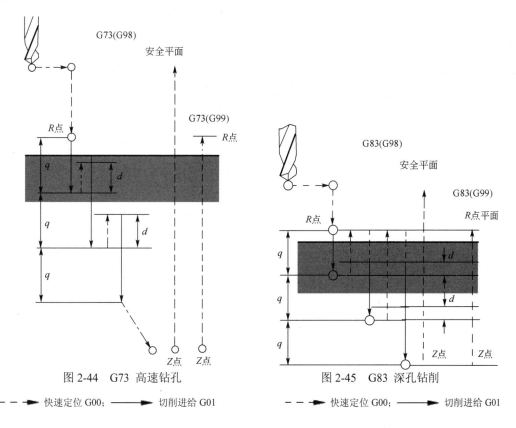

图 2-44　G73 高速钻孔　　　　　图 2-45　G83 深孔钻削

－ － －▶ 快速定位 G00；　　━━━▶ 切削进给 G01　　　　－ － －▶ 快速定位 G00；　　━━━▶ 切削进给 G01

### 2.5.3　攻螺纹循环（G84、G74）

**（1）右旋攻螺纹循环 G84**

其程序段格式为：

$$\left.\begin{matrix} G98 \\ G99 \end{matrix}\right\} G84\,X\_\_\ Y\_\_\ Z\_\_\ R\_\_\ P\_\_\ F\_\_\ K\_\_;$$

该循环执行右旋攻螺纹，主轴顺时针旋转执行攻螺纹。当到达孔底时，主轴以相反方向旋转，同时退出螺纹孔。

编程时要求根据主轴转速计算进给速度 $F$：$F$=主轴转速（r/min）×螺距（mm）。

攻螺纹循环中 $R$ 面应选在距工件上表面 7mm 以上的地方。

G84 攻螺纹过程：刀具主轴在定位平面上沿 $X$ 轴和 $Y$ 轴定位；快速移动到 $R$ 点；从 $R$ 点到 $Z$ 点执行攻螺纹，攻螺纹时丝锥正转，以进给速度攻螺纹到孔底；在孔底主轴停止，并执行进给暂停"P__"；然后丝锥以相反方向旋转，刀具退回到 $R$ 点，主轴停止；最后快速移动到初始位置。在攻螺纹期间不执行进给倍率功能。G84 循环加工过程如图 2-46 所示。

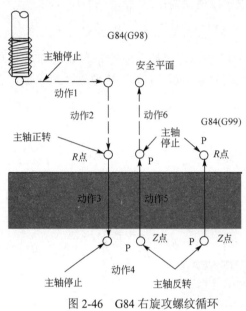

图 2-46　G84 右旋攻螺纹循环

— — — ▶ 快速定位 G00；　　——▶ 切削进给 G01

### （2）左旋攻螺纹循环 G74

其程序段格式为：

$$\left.\begin{matrix} G98 \\ G99 \end{matrix}\right\} G74\,X\_\_\ Y\_\_\ Z\_\_\ R\_\_\ P\_\_\ F\_\_\ K\_\_;$$

该循环执行左旋攻螺纹，用主轴逆时针旋转执行攻螺纹，当到达孔底时为了退回，主轴顺时针旋转。根据主轴转速计算进给速度 $F$：$F$=主轴转速（r/min）×螺距（mm）。

$R$ 面选在距工件上表面 7mm 以上的地方。在攻螺纹期间不执行进给倍率功能。G74 环加工过程如图 2-47 所示。

## 2.5.4　镗孔循环（G85、G89、G86、G88、G76、G87）

### （1）粗镗循环 G85

其程序段格式为：

$$\left.\begin{matrix} G98 \\ G99 \end{matrix}\right\} G85\,X\_\_\ Y\_\_\ Z\_\_\ R\_\_\ F\_\_\ K\_\_;$$

该循环用于镗孔。镗刀沿着 X 轴和 Y 轴定位以后快速移动到 R 点，然后从 R 点到 Z 点执行镗孔，当到达孔底时用切削进给速度返回到 R 点。在指定 G85 之前用辅助功能 M 代码旋转主轴。其循环动作如图 2-48 所示。

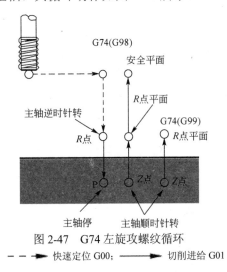

图 2-47　G74 左旋攻螺纹循环

- - - ▶ 快速定位 G00;　　──▶ 切削进给 G01

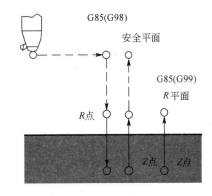

图 2-48　镗孔循环 G85

- - - ▶ 快速定位 G00;　　──▶ 切削进给 G01

**（2）锪镗循环、镗阶梯孔循环 G89**

其程序段格式为：

$$\begin{Bmatrix} G98 \\ G99 \end{Bmatrix} G89\ X\_\_\ Y\_\_\ Z\_\_\ R\_\_\ P\_\_\ F\_\_\ K\_\_;$$

该循环动作基本与 G85 指令相同，不同的是该循环在孔底执行进给暂停，能确保加工孔的阶梯面光滑，暂停时间用"P＿"给定。在指定 G89 之前用辅助功能 M 代码旋转主轴。其循环动作如图 2-49 所示。

**（3）半精镗循环、快速返回 G86**

其程序段格式为：

$$\begin{Bmatrix} G98 \\ G99 \end{Bmatrix} G86\ X\_\_\ Y\_\_\ Z\_\_\ R\_\_\ F\_\_\ K\_\_;$$

在安全平面沿着 X 轴和 Y 轴定位；快速移动到 R 点；然后从 R 点到 Z 点执行镗孔；当主轴在孔底停止，刀具以快速移动退回。其循环动作如图 2-50 所示。

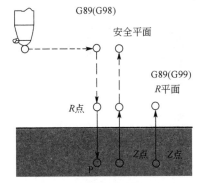

图 2-49　镗阶梯孔循环 G89

- - - ▶ 快速定位 G00;　　──▶ 切削进给 G01

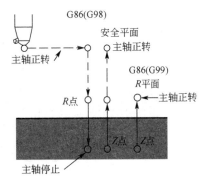

图 2-50　半精镗循环、快速返回 G86

- - - ▶ 快速定位 G00;　　──▶ 切削进给 G01

**（4）镗削循环、手动退回 G88**

其程序段格式为：

$$\begin{Bmatrix} G98 \\ G99 \end{Bmatrix} G88\ X\_\_\ Y\_\_\ Z\_\_\ R\_\_\ F\_\_\ K\_\_;$$

G88 循环动作如图 2-51 所示，刀具沿着 X 轴和 Y 轴定位；快速移动到 R 点；然后从 R 点到 Z 点执行镗孔；当镗孔完成后执行暂停；然后主轴停止；刀具从孔底 Z 点手动进给返回到 R 点，在 R 点重新启动主轴正转，并且快速移动到安全平面。在孔底可以加手动，使刀尖离开孔表面，在退回时无划痕。数控铣床可用此功能实现半精镗或精镗。

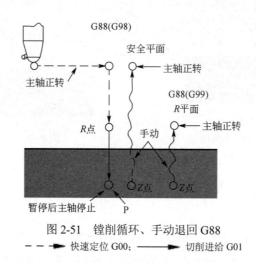

图 2-51　镗削循环、手动退回 G88

‑ ‑ ‑ ‑ ► 快速定位 G00；────► 切削进给 G01

**（5）精镗循环 G76**

其程序段格式为：

$$\begin{Bmatrix} G98 \\ G99 \end{Bmatrix} G76\ X\_\_\ Y\_\_\ Z\_\_\ R\_\_\ Q\_\_\ F\_\_\ K\_\_;$$

G76 循环动作如图 2-52（a）所示。在孔底，主轴停止在固定的回转位置上，向与刀尖相反的方向位移，如图 2-52（b）所示，然后退刀，这样不擦伤加工表面，实现高效率、高

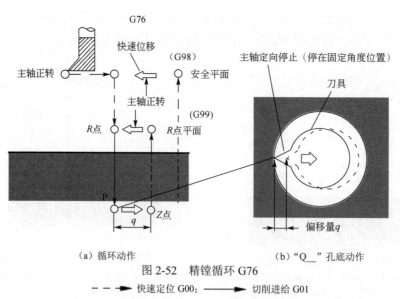

（a）循环动作　　　　　　　（b）"Q\_\_" 孔底动作

图 2-52　精镗循环 G76

‑ ‑ ‑ ‑ ► 快速定位 G00；────► 切削进给 G01

精度镗削加工。到达返回点平面后，主轴再移回，并启动主轴。用地址 Q 指定孔底动作位移量 $q$，$q$ 值必须是正值，即使用负值，负号也不起作用。位移方向 $q$ 是模态值，$q$ 也作为 G73 和 G83 指令的切削深度，因此在使用指令 Q 时，应特别加以注意。

**（6）反（背）镗循环 G87**

其程序段格式为：

$$G98\ G87\ X\_\_\ Y\_\_\ Z\_\_\ R\_\_\ Q\_\_\ F\_\_\ K\_\_\ ;$$

G87 循环动作如图 2-53（a）所示。刀具定位后，主轴定向停止（OSS），然后向刀尖相反方向位移，用快速进给至孔底（$R$ 点）定位，在此位置，主轴返回前面的位移量，回到孔中心，主轴正转，沿 $Z$ 轴正方向加工到 $Z$ 点。在此位置，主轴再次定向停止，然后向刀尖相反方向位移，刀具从孔中退出。刀具返回到初始平面，再返回一个位移量，回到孔中心，主轴正转，进行下一个程序段动作。孔底的位移量和位移方向，与 G76 完全相同，如图 2-53（b）所示。由于刀具先到孔深向外加工，因此，刀具返回时，不能返回到 $R$ 点平面，即本指令不使用 G99，只使用 G98。

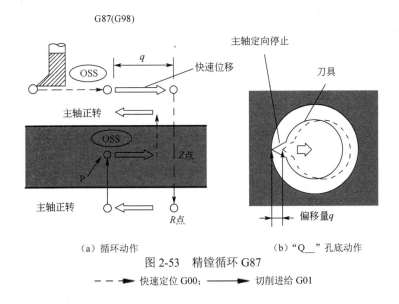

图 2-53　精镗循环 G87
－－－▶ 快速定位 G00；　　▶ 切削进给 G01

### 2.5.5　孔加工固定循环应用举例

**【例 2-12】** 零件如图 2-32 所示，该工件平面部分已加工，需用数控机床在其上钻削 3 个孔。钻头安装后的长度与编程位置不一致（短 4mm），在例 2-10 中采用 G01 指令编写钻孔程序，本例题要求用固定循环指令编程，钻削 3 个孔。读者可自行比较程序繁简。

**（1）采用绝对坐标编程**

加工程序中刀具始点如图 2-32 所示。编程原点设定在 T1 孔轴线与工件上表面交点。刀具长度偏置值：H1=－4.0。其程序编制如下。

```
N10 G92 X−120.0 Y−80.0 Z35.0 ;          设定工件坐标系
N20 G90 G43 G00 H1;                     刀具长度补偿
N30 G99 G82 X0 Y0 Z−18.0 R3.0 P2000 F1000;钻T1孔，孔底进给暂停2s，返回到参考平面
```

```
N40 G81 X30.0 Y−50.0 Z−38.0;            钻 T2 孔
N50 G98 G82 X80.0 Y−20.0 Z−22.0 P2000;钻 T3 孔, 孔底进给暂停 2s, 返回到安全平面
N60G00 Z35.0 H0;                        取消刀具长度补偿
N70 X−120.0 Y−80.0;                     回到始点
N80 M2;                                 程序结束
```

### （2）采用增量编程

加工程序中刀具始点如图 2-32 所示。刀具长度偏置值：H1= −4.0。其程序编制如下。

```
N10 G91;                                    增量编程
N20 G43 G00 H1;                             刀具长度补偿
N30 G99G82 X120.0 Y80.0 Z−21.0 R−32.0 P2000 F1000;钻 T1 孔, 返回到参考平面
N40 G81 X30.0 Y−50.0 Z−41.0;                钻 T2 孔
N50 G82 X50.0 Y30.0 Z−25.0 P2000;           钻 T3 孔, 返回到安全平面
N60 G00 Z32.0 H0;                           取消刀具长度补偿
N70 X−200.0 Y−60.0;                         回到始点
N80 M2;                                     程序结束
```

# 2.6 子程序

## 2.6.1 什么是子程序

在一个加工程序中，若有几个完全相同的部分程序（即一个零件中有几处形状相同，或刀具运动轨迹相同），为了缩短程序，可以把此部分程序单独抽出，编成子程序储存在存储器中，以简化编程。

## 2.6.2 调用子程序指令

### （1）子程序的结构

```
O××××;           子程序号
⋮                 子程序内容
M99               子程序结束, 从子程序返回到主程序, 是子程序最后一个程序段
```

M99 是子程序结束指令，并使执行顺序从子程序返回到主程序中调用程序号段之后的程序段，它可以不作为独立的程序段，例如"G00 X100.0Y100.0 M99;"。

### （2）调用子程序指令

调用子程序的指令为：

M98 P×××× ××××

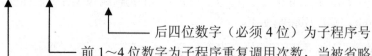

后四位数字（必须 4 位）为子程序号

前 1～4 位数字为子程序重复调用次数，当被省略时默认为调用一次

调用子程序指令

例如，调用子程序指令：

M98 P6 1020；——表示调用 1020 号子程序，重复调用 6 次（执行 6 次）。

M98 P 1020；——表示调用 1020 号子程序，调用 1 次（执行 1 次）。

M98 P500 1020；——表示调用 1020 号子程序，重复调用 500 次（执行 500 次）。

可以重复地调用子程序，最多 999 次。为与自动编程系统兼容，在第 1 个程序段中，N×××× 可以用来替代地址 O 后的子程序号，即以子程序中的第 1 个程序段 N 的顺序号作为子程序号。

主程序调用子程序的执行顺序如图 2-54 所示。

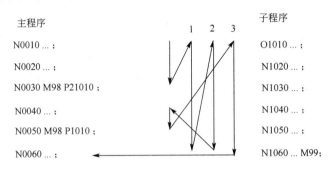

图 2-54　主程序调用子程序的执行顺序

子程序可以由主程序调用，被调用的子程序也可以调用另一个子程序，称为子程序嵌套。被主程序调用的子程序被称为是一级子程序，被一级子程序调用的子程序称为二级子程序，以此类推，子程序调用可以嵌套 4 级，如图 2-55 所示。

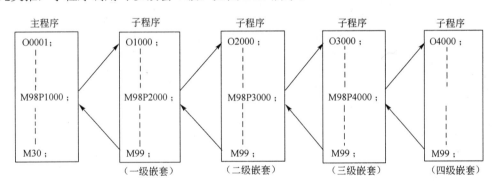

图 2-55　子程序嵌套

**（3）从子程序返回**

M99 是子程序结束指令，并使执行顺序从子程序返回到主程序中调用子程序段之后的程序段，该指令可以不作为独立的程序段编写，例如"G00 X100.0 Y100.0 M99；"。

**（4）只使用子程序**

调试子程序时，希望能够单独运行子程序，用 MDI 检索到子程序的开头，就可以单独执行子程序。此时如果执行包含 M99 的程序段，则返回到子程序的开头重复执行；如果执行包含 M99 P$n$ 的程序段，则返回到在子程序中顺序号为 $n$ 的程序段重复执行。要结束此程序，必须插入包含"/M02"或"/M30"的程序段，并且把任选程序段开关设到为断开（OFF），如图 2-56 所示。

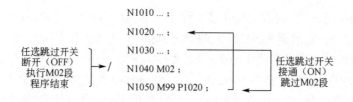

图 2-56　单独运行子程序

### 2.6.3　跟我学含子程序的编程

**【例 2-13】** 如图 2-57 所示的变速凸轮，其上下平面已经加工完成，外圆周面已经粗加工，尚有余量 4mm，现在数控铣床上粗铣、精铣削凸轮外圆周的轮廓，试编制其数控程序。

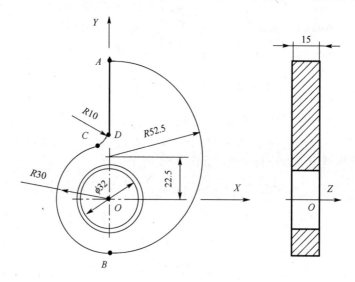

图 2-57　变速凸轮

#### （1）工艺方案

① 工件坐标系原点。凸轮外圆周面的设计基准在工件孔的中心，所以工件原点定在 $\phi$32mm 毛坯孔中心的上表面（图 2-57 的 $O$ 点）。

② 工件装夹。采用螺钉、压板夹紧。T 形螺钉穿过工件上 $\phi$32mm 孔，采用螺母和压板首先轻夹工件，找正工件坯料 $X$ 轴、$Y$ 轴，然后把工件夹紧在工作台上。

③ 刀具选择。采用 $\phi$10mm 的立铣刀。

④ 加工程序。安全高度：70mm；$R$ 点高度：2mm；经计算可以得到 $C$（X−7.5，Y29.407）、$D$（X0，Y38.73）。

若改变刀具半径补偿值，则可实现径向多刀切削。采用 $\phi$10mm 的刀具，主程序在两次调用同一子程序时，每次用不同的刀具半径偏置量，就可取得不同的侧吃刀量，从而完成两次切削。本题精铣余量 0.2mm，则粗铣时，刀补号 D01 内存偏置量为刀具半径加精铣余量，即：

10/2+0.2=5.2（mm）

通过 G10 指令把 5.2mm 存入 D01 偏置号中。这样，运行程序时刀具中心轨迹相对编程轨迹偏移 5.2mm，铣削后留下精铣余量 0.2mm。

精铣时，通过 G10 指令重新设置偏移量，将 5.0mm 存入刀补号 D01 中。刀具中心轨迹相对编程轨迹偏移量等于半径 5mm，可以把余量 0.2mm 切除，加工到设计尺寸。刀补值与侧吃刀量如表 2-6 所示。

**（2）编程技巧**

通过改变刀具半径补偿值，实现径向两次走刀切削。而采用手动输入改变刀具补偿号中的补偿值，需要停机操作。采用子程序结构，第一次调用子程序，进行粗铣，然后通过程序指令 G10 改变刀具补偿号 D01 中的刀具半径补偿值；第二次调用子程序，完成精铣，避免了中途停车手动设置。采用程序指令 G10 设定补偿值比手动设置快速、可靠。

表 2-6　刀补值与侧吃刀量

| 刀具 | 补偿号 | 刀补值/mm | 侧吃刀量 $a_e$/mm | Z/mm |
|---|---|---|---|---|
| 立铣刀 $\phi 10$ | 第 1 次铣削：D01 | 5.2 | 3.8 | 0 |
| | 第 2 次铣削：D01 | 5 | 0.2 | 0 |

**（3）加工程序编制如下**

| | |
|---|---|
| O0307; | 程序名（主程序） |
| N10 G54 G17 G00 X0 Y0 Z200.0 S1000 M03; | 设定工件坐标系，启动主轴 |
| N12 G90 G00 Z70.0; | 绝对值编程，快速到安全高度， |
| N14 G10 P01 R5.2; | 输入补偿量，5.2mm 存入 D01 |
| N14 X－40.0 Y80.0; | 在安全高度上，快速到下刀点 |
| N16 M98 P0020; | 调用子程序 O0020，执行一次，粗铣 |
| N18 G00 Z70.0; | 快速到安全高度 |
| N20 G10 P01 R5.0 | 输入补偿量，5.0mm 存入 D01 |
| N26 G00 X－40.0 Y80.0; | 快速定位到下刀点 |
| N28 M98 P0020; | 调用子程序 O0020，执行一次，精铣 |
| N46 G00 Z70.0 M05; | 快速到安全高度，主轴停转 |
| N32 X0 Y0 Z200.0; | 回到程序始点 |
| N48 M02; | 程序结束 |
| O0020; | 子程序号 |
| N10 Z2.0; | 快速下刀，到 R 点高度 |
| N20 G01 Z－16.0 F150.0; | 慢速下刀，进给速度 150mm/min |
| N22 G41 X－20 Y75.0 D01 F100.0; | 建立刀具左补偿 |
| N24 X0; | 直线进刀 |
| N26 G02 X0 Y－30.0 R52.5; | 切削圆弧 AB |
| N28 G02 X0 Y30.0 R30.0, R10.0; | 切削圆弧 BC，倒圆 CD |
| N32 G01 Y75.0; | 切削直线 DA |
| N34 G03 X－20 Y95.0 I－20 J0; | 沿 1/4 圆弧轨迹退刀 |
| N36 G40 G01 X－40 Y100; | 取消刀具半径补偿 |

| | |
|---|---|
| N38 Z2.0; | 退到慢速下刀高度 |
| N40 M99; | 子程序结束，返回到主程序 |

# 2.7 简化程序的编程指令

对于某种比较复杂的程序，采用比例缩放指令（G50、G51）、坐标系旋转指令(G68, G69)、极坐标指令编程，可以简化程序，缩短程序长度。

## 2.7.1 比例缩放功能（G50、G51）

编程的加工轨迹被放大和缩小称为比例缩放。比例缩放指令 G50、G51，用于对指定的已编程轨迹进行缩放和镜像加工。

**（1）比例缩放指令 G50、G51**

对加工程序所规定的轨迹图形进行缩放，其有两种指令格式。

① 沿各轴以相同的比例放大或缩小（各轴比例因子相等）。其指令格式为：

G51 X__ Y__ Z__ P__;　　缩放开始

⋮　　　　　　　　　　　缩放有效，刀具移动指令按比例缩放

G50;　　　　　　　　　缩放方式取消

程序段中，X__ Y__ Z__ 为比例缩放中心，以绝对值指定；P__ 为缩放比例，其范围为 1～999999 即 0.001～999.999 倍。

缩放功能是：按照相同的缩放比例，使 X、Y 和 Z 坐标所指定的尺寸放大和缩小。比例可以在程序中指定，还可用参数指定比例。G51 指令需要在单独的程序段内给定。在图形放大或缩小之后，用 G50 指令取消缩放方式。

比例缩放不缩放刀具偏置量，如刀具半径补偿量、刀具长度补偿量等。如图 2-58 所示，编程图形缩小 1/2，刀具半径补偿量不变。

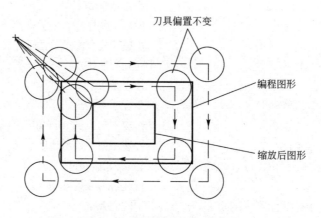

图 2-58　刀具偏置量不能缩放

② 各轴比例因子单独指定。通过对各轴指定不同的比例，可以按各自比例缩放各轴，其指令格式为：

G51 X__ Y__ Z__ I__ J__ K__;　　缩放开始

⋮                                缩放有效(缩放方式)

G50;                             缩放取消

程序段中，X__Y__Z__为比例缩放中心坐标，以绝对值指定；I__J__K__为分别与X、Y和Z各轴对应的缩放比例（比例因子），其取值范围为±1～±999999，即±0.001～±999.999倍。小数点编程不能用于指定比例I、J、K。

该程序缩放功能是：按照各坐标轴不同的比例（由I、J、K定），使X、Y和Z坐标所指定的尺寸放大和缩小。G51指令需要在单独的程序段内给定。在图形放大或缩小之后，用G50指令取消缩放方式。

**【例2-14】** 设定I、J或K指令不同的比例系数。运行比例缩放程序后的图形如图2-59所示。

图2-59中X、Y的比例因子不同，其中$X$轴比例系数为$a/b$；$Y$轴比例系数为$c/d$；比例缩放中心为$O$点。

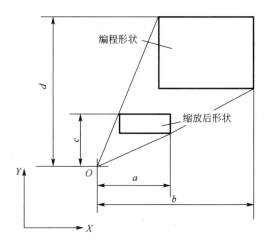

图2-59　各轴比例系数不同的缩放

**（2）镜像加工**

比例缩放指令G51，当比例系数为1/1时（即$I$、$J$、$K$分别等于±1000）相当于镜像加工编程。

**【例2-15】** 走刀路线如图2-60所示，采用镜像加工编程。

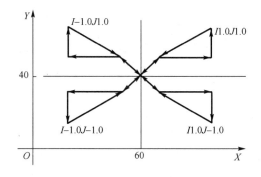

图2-60　镜像加工

55

解：镜像加工编程如下。

```
O2000                              主程序号
N10 G54 G90 G00X60.0 Y40.0;        建立工件坐标系
N20 M98 P0750;                     调子程序，加工第1象限图形
N30 G51 X60.0 Y40.0 I－1000 J1000;  镜像中心（X60，Y40），X轴镜像
N40 M98 P0750;                     调子程序，加工第2象限图形
N50 G51 X60.0 Y40.0 I－1000 J－000; 镜像中心（X60，Y40），X轴、Y轴镜像
N60 M98 P9000;                     调子程序，加工第3象限图形
N70 G51 X60.0 Y40.0 I1000 J－1000; 镜像中心（X60，Y40），X轴取消镜像、Y轴镜像
N80 M98 P9000;                     调子程序，加工第4象限图形
N90 G50                            取消比例缩方式（取消镜像）
O0750;                             子程序序号
G00 G90 X70.0 Y50.0;               定位于第一象限起始点
G01 X100.0;                        直线插补横线
Y70.0;                             直线插补竖线
X70.0 Y50.0;                       直线插补斜线(完成三角形图形)
G00 X60.0 Y40.0;                   定位于镜像中心
M99;                               子程序结束，返回主程序
```

## 2.7.2 坐标系旋转功能(G68、G69)

坐标系旋转功能是把编程位置旋转到某一角度。该功能用途：一是可以将编程形状旋转到某一指定的角度；二是如果工件的形状由许多相同的单元图形组成，且分布在由单元图形旋转便可达到的位置上，则可将图形单元编成子程序，然后用主程序的旋转指令旋转图形单元，可以得到工件整体形状，这样可简化编程，省时、省存储空间。

**（1）坐标系旋转指令**

坐标系旋转程序组成：

$$\left. \begin{cases} G17 \\ G18 \\ G19 \end{cases} \right\} G68 \ \alpha \_\_ \beta \_\_ R \_\_ ; \qquad 坐标系开始旋转$$

⋮                        坐标系旋转方式（坐标系被旋转）

G69                      坐标系旋转取消指令

程序中 α、β、R 的含义如图 2-61 所示，用途如表 2-7 所示。

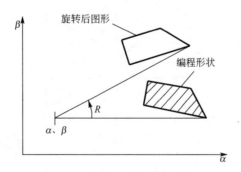

图 2-61　坐标系旋转 G68 功能

跟我学 FANUC 数控系统手工编程

表 2-7　坐标系旋转程序中各指令用途

| 指　　令 | 用　　途 |
|---|---|
| G17（G18 或 G19） | 平面选择，旋转的形状在该平面上 |
| G68 | 坐标系旋转功能 |
| α__β__ | 旋转中心的坐标值（绝对值指定）。旋转中心的两个坐标轴与 G17、G18、G19 坐标平面一致。G17 平面为 X、Y 两轴，G18 为 X、Z 两轴，G19 平面为 Y、Z 两轴。在 G68 后面指定旋转中心 |
| R__ | 旋转角度。正值表示逆时针旋转，可为绝对值，也可为增量值。当其为增量值时，旋转角度在前一个角度上增加该值 |
| G69 | 取消坐标系旋转指令 |

坐标系旋转程序说明如下。

① 坐标系旋转 G68 指令功能。指定该指令后，按 R 指定的角度，绕 α、β 指定的点旋转后面的指令。旋转角度的指令范围为–360.000°～360.000°。最小输入增量单位 0.001°。

在坐标系旋转 G68 的程序段之前指定平面选择代码 G17（G18 或 G19），平面选择代码不能在坐标系旋转方式中指定。

若省略 α、β 时，则 G68 指令时的刀具位置被设定为旋转中心。对于在 G68 指令和第一个绝对位置指令之前的增量值指令来说，可以认为旋转中心还未指令，即认为 G68 指令时的刀具位置就是旋转中心。

省略 R 时，参数赋予的值便视为旋转角度。若对 R 指定了一个带小数的值，则小数点的位置为角度单位。

② 取消坐标系旋转指令 G69。用 G69 取消坐标系旋转，恢复编程指令形状位置。取消坐标系旋转方式代码 G69，可以指定在其他指令的程序段中。

③ 注意事项

a. 刀具补偿。在坐标系旋转之后，可以执行刀具半径补偿（刀具长度补偿、刀具偏置）和其他补偿操作。

b. G17（G18 或 G19）。在坐标系旋转代码 G68 的程序段之前，指定平面选择代码 G17（G18 或 G19），平面选择代码不能在坐标系旋转方式中指定。

c. 坐标系旋转方式中的增量值指令。当编程坐标系旋转 G68 时，在 G68 之后绝对值指令之前，增量值指令的旋转中心是刀具所在位置。

d. 与返回参考点和坐标系有关的指令。在坐标系旋转方式中与返回参考点有关代码 G27、G28、G29、G30 等和那些与坐标系有关的代码 G52～G59、G92 等不能指定。如果需要这些 G 代码，必须在取消坐标系旋转方式以后才能指令。

e. 增量值指令。坐标系旋转取消指令 G69 以后的第一个移动指令必须用绝对值指定，如果用增量值指令将不执行正确的移动。

f. 系统屏幕位置显示值，是加上坐标旋转后的坐标值。

g. 坐标旋转中指定圆弧时，旋转平面必须与插补平面一致。

h. 固定循环中，包含钻孔轴的平面内不能进行坐标旋转。对于 G76、G87 的坐标移动量，不加坐标旋转。

i. 第四、第五坐标不能进行坐标旋转。

**（2）刀具半径补偿与坐标系旋转**

在刀具半径补偿 C 中可以指定 G68 和 G69，但是，旋转平面必须与刀具半径补偿 C 的偏置平面相同。

【例 2-16】　走刀路线如图 2-62 所示，试编写其加工程序。

解：编制程序如下。

| | |
|---|---|
| N1 G92 X0 Y0 G69 G17; | 建立工件坐标系（刀起始点为原点），保险程序段 |
| N2 G42 G01 G90 X1000 Y1000 F1000 D01; | 刀具半径补偿，至 A 点 |
| N3 G68 R−30000; | 以 A 点为旋转中心，旋转−30° |
| N4 G91 X2000; | 增量编程，直线切削 AB |
| N5 G03 Y1000 I−1000 J500; | 逆圆切削，刀 C 点（BC） |
| N6 G01 X−2000; | 直线切削 CD |
| N7 Y−1000; | DA，回到 A 点 |
| N8 G69 G40 G90 X0 Y0 M30; | 取消旋转方式，取消刀偏，绝对值编程，回到起刀点 |

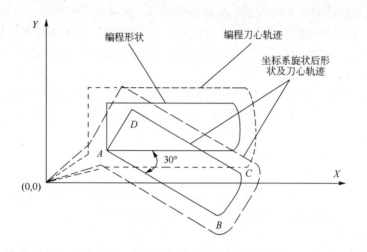

图 2-62  刀具半径补偿 C 和坐标系旋转

坐标系旋转取消指令 G69 以后的第一个移动指令必须用绝对值指定，如果用增量值指令将不执行正确的移动。

### 2.7.3  极坐标编程

**（1）极坐标与极坐标指令 G16**

① 极坐标编程指令。FANUC 数控系统提供了极坐标编程功能，即平面上点的坐标用极坐标（半径和角度）输入，极坐标的半径是极坐标原点到编程点的距离；极坐标的角度有方向性，角度的正向是所选平面的第 1 轴正向沿逆时针转向，而角度负向是顺时针转向。

极坐标编程指令：G16。

取消极坐标编程：G15。

极半径和角度两者可以用绝对值指令或增量值指令（G90、G91）指定。

② 设定工件坐标系零点作为极坐标系的原点。用绝对值编程指令（G90）指定半径（零点和编程点之间的距离），则设定工件坐标系的零点为极坐标系的原点；当使用局部坐标系 G52 时，局部坐标系的原点变成极坐标的中心。

工件坐标系零点作为极坐标系的原点，当角度用绝对值时，编程点的位置如图 2-63（a）所示；当角度用增量值时，编程点的位置如图 2-63（b）所示。

③ 设定当前位置作为极坐标系的原点。用增量值编程（G91）指令指定半径（当前位置

和编程点之间的距离），则设定当前位置为极坐标系的原点。

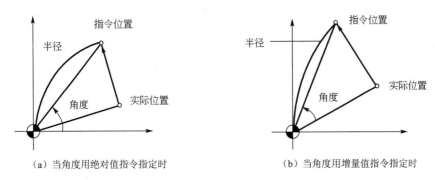

图 2-63　工件坐标系零点作为极坐标系的原点编程点的位置

当前位置作为极坐标系的原点，当角度用绝对值时，编程点的位置如图 2-64（a）所示；当角度用增量值时，编程点的位置如图 2-64（b）所示。

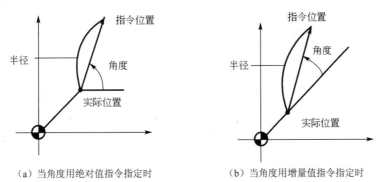

（a）当角度用绝对值指令指定时　　　　　　（b）当角度用增量值指令指定时

图 2-64　当前位置作为极坐标系的原点编程点的位置

### （2）编程实例

【例 2-17】　用极坐标编制钻 $3 \times \phi 10$mm 孔的程序，零件图如图 2-65 所示。

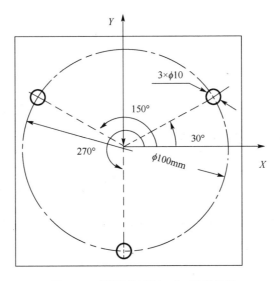

图 2-65　极坐标编程加工 3 孔零件图

解：① 用绝对值指令指定角度和极半径，其加工程序如下。

| | |
|---|---|
| N1G54 G17 G90 G16; | 极坐标编程，编程的零点为极坐标系的原点 |
| N2 G81 X50.0 Y30.0 Z−20.0 R−5.0 F200.0; | 在半径 50mm 和角度 30° 位置钻孔 |
| N3 Y150.0; | 在半径 50mm 和角度 150° 位置钻孔 |
| N4 Y270.0; | 在半径 50mm 和角度 270° 位置钻孔 |
| N5 G15 G80; | 取消极坐标指令，取消钻孔循环 |

② 用增量值指令角度，用绝对值指令极半径，其加工程序如下。

| | |
|---|---|
| N1G54 G17 G90 G16; | 极坐标编程，编程的零点作为极坐标的原点 |
| N2 G81 X50.0 Y30.0 Z−20.0 R−5.0 F200.0; | 在半径 50mm 和角度 30° 位置钻孔 |
| N3 G91 Y120.0; | 在半径 50mm 和增量角度+120° 位置钻孔 |
| N4 Y120.0; | 在半径 50mm 和增量角度+120° 位置钻孔 |
| N5 G15 G80; | 取消极坐标指令 |

### 2.7.4　局部坐标系

当在工件坐标系中编制程序时，可以设定工件坐标系的子坐标系，子坐标系称为局部坐标系，如图 2-66 所示。

**局部坐标系指令**

G52 X__ Y__ Z__;　　　设定局部坐标系
……
G52 X0 Y0 Z0;　　　　取消局部坐标系
指令说明如下。

① 用指令"G52　X__ Y__ Z__;"可以在工件坐标系 G54～G59 中设定局部坐标系。指令中的"X__Y__Z__"是局部坐标系的原点在工件坐标系中的坐标值，即在工件坐标系中指定了局部坐标系的位置。

② 用 G52 指定新的局部坐标系零点（该点是工件坐标系的值），可以变更局部坐标系的位置。

③ 指令"G52 X0 Y0 Z0;"使局部坐标系零点与工件坐标系零点重合，即取消了局部坐标系，并在工件坐标系中工作。

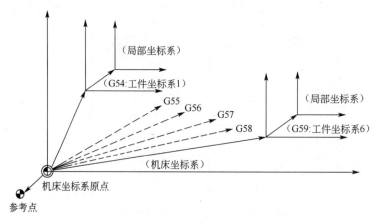

图 2-66　局部坐标系

跟我学 FANUC 数控系统手工编程

使用局部坐标系应注意以下事项。

① 局部坐标系设定不改变工件坐标系和机床坐标系。

② G52 暂时取消刀具半径补偿中的偏置。

③ 在 G52 之后以绝对值方式立即指定运动指令。

④ 当用 G92 指令设定工件坐标系时，如果不是指令所有轴的坐标值，未指定坐标值的轴的局部坐标系不取消，保持不变。

⑤ 复位时是否清除局部坐标系取决于参数的设定，当参数 3402 第 6 位(#6)信号"CLR"或参数 1202 第 3 位（#3）信号"RLC"之中的一个设置为 1 时，局部坐标系被取消。

⑥ 用手动返回参考点是否取消局部坐标系取决于参数的设定，参数 1201 的第 2 位（#2）设为"1"时，取消局部坐标系。

### 2.7.5  跟我学使用局部坐标系和坐标系旋转指令编程

【例 2-18】 钻削支架零件上的 6×φ10mm 孔，如图 2-67 所示。

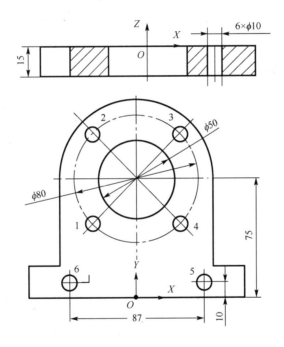

图 2-67  支架零件

解：工件设计基准在底边中心点，按基准重合原则设该点为工件坐标系原点，即图 3-67 中的 O 点。加工的 1～4 孔沿 φ80mm 圆周均布，可以用极坐标编程。

加工程序如下。

| O1200; | 程序号 |
|---|---|
| G54 G17 G90 G00 X0 Y0 Z50.; | 刀具快速定位于安全平面 |
| S1000 M03; | |
| G52 X0 Y75.0 Z0; | 设局部坐标系，其原点坐标为（0，75，0） |
| G16; | 极坐标编程，编程的零点为局部坐标系的原点 |
| G81G99 X40.0 Y45.0 Z—18.0 R3.0 F20.0; | 在半径 45mm、角度 45°位置钻孔（3 孔） |

```
Y135.0;                         角度 135°位置钻孔(2孔)
Y225.0;                         角度 225°位置钻孔(1孔)
G98 Y315.0;                     钻孔(4孔),返回安全平面
G15 G80;                        取消极坐标指令,取消钻孔循环
G52 X0 Y0 Z0;                   取消局部坐标系
G81 G99 X43.5 Y10.0 Z-18.0 R3.0 F20.0;  钻 5 孔
G98 X-43.5;                     钻 6 孔返回安全平面
G00 G80 X0 Y0 Z50.;             取消钻孔循环,返回到刀具始点
M30                             程序结束
```

# 2.8 数控加工宏程序基础

## 2.8.1 用户宏程序用途

普通程序的程序指令为常量,一个程序只能描述一个几何形状,用户宏程序可以使用变量编程,具有变量赋值、算术和逻辑运算及转移指令,可实现分支程序和循环程序设计,所以宏程序功能更强。宏程序与子程序类似,即宏程序可以被任一个数控程序调用。

FANUC 0i 数控系统用户宏程序分为 A、B 两类。通常情况下,FANUC 0D 系统采用 A 类宏程序,而 FANUC 0i 系统则采用 B 类宏程序。用户宏程序功能 A 不直观,可读性差,在实际工作中很少使用。由于绝大部分 FANUC 系统支持用户宏程序功能 B,以下宏程序功能 B 为基础,阐述宏程序及其应用。

## 2.8.2 变 量

普通程序用数值指定 G 代码和移动距离,例如程序段"G00 X150.0;"。
该程序段使用变量的宏程序编写:

```
#1=150.0;       #1 是一个变量
G00 X[#1];      #1 是一个变量
```

变量可以用来代替程序中的数据,如尺寸、刀补号、G 指令编号等,变量的值可改变,变量的使用给程序的设计带来了极大的灵活性。

### (1)变量的表示形式

变量用变量符号"#"和后面的变量号指定,例如:

# 1
└ 变量号
└── 变量符号

变量号可以用表达式指定,此时表达式必须放在括号中,例如:

#[#1+#2-12]
└ 变量号
└── 变量符号

### (2)变量类型

变量根据变量号可以分为以下四种类型。

① 空变量。#0 为空变量，该变量总为空，不能赋值。

② 局部变量。编号#1～#33 的变量为局部变量，局部变量的作用范围是当前程序（在同一个程序号内），如果在主程序或不同子程序里，出现了相同名称（编号）的局部变量，它们不会相互干扰，值也可以不同。局部变量断电后数据初始化为空。举例如下。

```
O100;
N10 #3=30;       主程序中#3 为 30
M98 P101;        进入子程序后#3 不受影响
#4=#3;           #3 仍为 30，所以#4=30
M30;
O101;
#4=#3;           这里的#3 不是主程序中的#3，所以#3=0（没定义），则#4=0
#3=18;           这里设定#3 的值为 18，不会影响主程序中的#3
M99;
```

③ 公共变量。#100～#199、#500～#999 为公共变量，公共变量在不同的宏程序中意义相同，即不管是主程序还是子程序，只要名称（编号）相同就是同一个变量，并带有相同的值，在某个地方修改它的值，所有其他地方都受影响。当断电时，变量#100～#199 被初始化为空，变量#500～#999 的数据不会丢失。

④ 系统变量。#1000 以上的变量为系统变量，系统变量用于读和写 CNC 运行时的各种数据，如刀具的当前位置和补偿值等。

**（3）变量的引用**

① 为了在程序中使用变量，须在程序中指定变量号的地址，给变量赋值。没指定的变量地址为无效变量。

② 当用表达式指定变量时，须把表达式放在括号中，例如 G01 X[#1+#2] F#3。

③ 被引用变量的值根据地址最小设定单位自动地舍入。例如指令"G00 X#1"，X 地址最小设定单位为 1/1000mm，当 CNC 把 12.3456 赋值给变量#1，实际指令值为 G00 X12.346。

④ 改变引用变量值的符号，要把负号放在#的前面，例如 G00 X−#1。

⑤ 当引用未指定的变量时，变量及地址字都被忽略，或称没指定的变量为空变量。

例如，当变量#1 的值是 0，并且变量#2 的值是空时，"G00 X#1 Y#2"的执行结果为"G00 X0"。

> **注意：**"变量的值是 0"和"变量的值是空"是不相同的。"变量值是 0"是指把 0 赋值给某变量，所以该变量的值等于数值 0；而"变量的值是空"是指该变量所对应的地址不存在，是无效的变量。

**（4）变量值的精度**

变量值的精度为 8 位十进制数。

例如，用赋值语句#1=9876543210123.456 时，实际上#1=9876543200000.000。

　　　　用赋值语句#2=9876543277777.456 时，实际上#1=9876543300000.000。

**（5）赋值**

把常数或表达式的值送给一个宏变量称为赋值，赋值号为"="。

格式：宏变量 = 常数或表达式。例如：

```
#2 = 175/SQRT[2] * COS[55 * PI/180 ]
#3 = 124.0
#50 = #3+12
```

赋值号后面的表达式里可以包含变量自身，如#1 = #1+4；此式不是数学中的方程或等式，它表示把#1 的值与 4 相加，结果赋给#1。如果#1 的值是 2，执行#1 = #1+4 后，#1 的值变为 6。

### 2.8.3 变量的算术和逻辑运算

#### （1）算术与函数运算

宏程序中的变量可以进行算术运算和函数运算，如表 2-8 所示。

表 2-8 算术与函数运算功能

| 类型 | 功能 | 格式 | 举例 | 备注 |
|---|---|---|---|---|
| 算术运算 | 加法 | #i=#j+#k | #1=#2+#3 | 常数可以代替变量 |
| | 减法 | #i=#j−#k | #1=#2−#3 | |
| | 乘法 | #i=#j*#k | #1=#2*#3 | |
| | 除法 | #i=#j/#k | #1=#2/#3 | |
| 三角函数运算 | 正弦 | #i=SIN[#j] | #1=SIN[#2] | 角度以度指定，35°30' 表示为 35.5 |
| | 反正弦 | #i=ASIN[#j] | #1=ASIN[#2] | |
| | 余弦 | #i=COS[#j] | #1=COS[#2] | |
| | 反余弦 | #i=ACOS[#j] | #1=ACOS[#2] | |
| | 正切 | #i=TAN[#j] | #1=TAN[#2] | |
| | 反正切 | #i=ATAN[#j]/ [#k] | #1=ATAN[#j]/ [#k] | |
| 其他函数运算 | 平方根 | #i=SQRT[#j] | #1=SQRT[#2] | 常数可以代替变量 |
| | 绝对值 | #i=ABS[#j] | #1=ABS[#2] | |
| | 舍入 | #i=ROUND[#j] | #1=ROUN[#2] | |
| | 上取整 | #i=FIX[#j] | #1=FIX[#2] | |
| | 下取整 | #i=FUP[#j] | #1=FUP[#2] | |
| | 自然对数 | #i=LN[#j] | #1=LN[#2] | |
| | 指数对数 | #i=EXP[#j] | #1=EXP[#2] | |
| 转换运算 | BCD 转 BIN | #i=BIN[#j] | #1=BIN[#2] | 用于与 PMC 的信号交换 |
| | BIN 转 BCD | #i=BCD[#j] | #1=BCD[#2] | |

#### （2）逻辑运算

在 IF 或 WHILE 语句中，如果有多个条件，用逻辑运算符来连接多个条件。逻辑运算符如下。

AND（且）：多个条件同时成立才成立。

OR（或）：多个条件只要有一个成立即可。

NOT（非）：取反（如果不是）。

举例如下。

#1 LT 50 AND #1GT 20　　表示：[#1<50]且[#1>20]

#3 EQ 8 OR #4 LE 10　　表示：[#3=8]或者[#4≤10]

有多个逻辑运算符时，可以用方括号来表示结合顺序，如：

NOT[#1 LT 50 AND #1GT 20]　　表示：如果不是"#1<50 且 #1>20"

（3）表达式与括号

包含运算符或函数的算式就是表达式。表达式里用方括号来表示运算顺序。宏程序中不用圆括号，因圆括号是注释符。

例如，175/SQRT[2] * COS[55 * PI/180 ]；

#3*6 GT 14；

（4）运算符的优先级

运算符优先级顺序依次为：方括号 → 函数 → 乘除 → 加减 → 条件 → 逻辑。

## 2.8.4　转移和循环

（1）条件运算符

| 宏程序运算符 | EQ | NE | GT | GE | LT | LE |
|---|---|---|---|---|---|---|
| 数学意义 | = | ≠ | > | ≥ | < | ≤ |

条件运算符用在程序流程控制 IF 和 WHILE 的条件表达式中，作为判断两个表达式大小关系的连接符。

（2）转移和循环

数控程序一般按程序段排列的先后顺序运行，称为顺序程序结构。在宏程序中使用 GOTO 语句和 IF 语句，可以控制程序运行的流向，实现程序段运行次序的转移和循环功能，称为分支程序结构和循环程序结构。有以下三种转移和循环指令。

① GOTO 语句：无条件转移。

② IF 语句：条件转移，IF…THEN…。

③ WHILE 语句：循环语句，当…时循环。

（3）无条件转移（GOTO）

格式：GOTO*n*；*n* 为顺序号（1～9999）。

转移到标有顺序号 *n* 的程序段，当指定 1～99999 以外的顺序号时，出现 P/S 报警（128 号）。

例如，GOTO6；

…

语句组：N6 G00 X100；

执行 GOTO6 语句时，转去执行标号为 N6 的程序段。

可用表达式指定顺序号，例如 GOTO #10。

（4）条件转移（IF）

格式：IF[关系表达式]　GOTO*n*；

例如，IF[#1GT210]　GOTO2；

…

语句组：N2 G00 G91 X10.0；

…

解释：如果变量#1 的值大于 20，转移执行标号为 N2 的程序段，否则按顺序执行 GOTO2 下面的语句组，如图 2-68 所示。

（5）条件转移（IF）

格式：IF[条件表达式] THEN　　（注：THEN 后只能跟一个语句。）

图 2-68 IF[关系表达式] GOTOn 语句

如果条件表达式满足，执行预先定义的宏程序语句，只执行一个宏程序语句。

例如：IF[#1EQ#2] THEN#3=0;

当#1 的值等于#2 的值时，将 0 赋给变量#3。

【例 2-19】 用 IF 语句编宏程序，计算自然数 1～10 的累加总和。

解：宏程序编制如下。

```
O6000;                          宏程序名
#1=0;                           存储和数变量的初值
#2=1;                           被加数变量的初值
N1 IF[#2 GT 10] GOTO 2;         当被加数大于 10 时转移到 N2
#1=#1+#2;                       计算累加和数（该语句为累加器）
#2=#2+1;                        下一个被加数（该语句为计数器）
GOTO 1;                         转到标号 N1 段
N2 M30;                         程序结束
```

### （6）循环（WHILE）

格式：WHILE [关系表达式] DO $m$；（$m$=1，2，3）

　　　循环区语句组；

　　　END $m$;

在 WHILE 后指定一个条件表达式，当指定条件满足时，执行从 DO 到 END 之间的程序，否则转去执行 END 后面的程序段，如图 2-69 所示。DO 和 END 后的 $m$，是指定程序执行范围的标号，$m$ 标号值为 1、2、3 ，$m$ 若用 1、2、3 以外的值会产生 P/S 报警（126 号）。

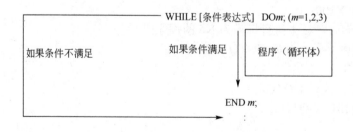

图 2-69　WHILE 语句执行顺序

例如宏程序：

```
#1=5;
WHILE[#1LE30] DO 1;
  #1=#1+5;
```

```
G00 X#1 Y#1;
END 1;
M99;
```

上述宏程序含义：当变量#1 的值小于等于 30 时，执行循环程序；当#1 大于 30 时结束循环返回主程序。

【例 2-20】 用 WHILE 语句编宏程序，计算自然数 1~10 的累加总和。

解：宏程序编制如下。

```
O3000;                        宏程序名
#1=0;                         存储和数变量的初值
#2=1;                         被加数变量的初值
WHILE [#2 LE 10] DO1;         当被加数小于 10 时执行循环区程序
#1=#1+#2;                     计算累加和数（该语句称为累加器）
#2=#2+1;                      下一个被加数（该语句称为计数器）
END 1;                        循环区终止
M30;                          程序结束
```

### 2.8.5  宏程序调用（G65）

#### （1）宏程序调用 G65 指令格式

① 调用指令格式：G65 P$<p>$ L$<l>$ ＜自变量赋值＞

其中，$<p>$为调用的程序号；$<l>$为重复次数；＜自变量赋值＞为传递到宏程序的数据。

宏程序与子程序相同，一个宏程序可被另一个宏程序调用，最多嵌套 4 层。

G65 指令调用地址 P 指定的用户宏程序，数据自变量能传递到用户宏程序体中，调用过程如图 2-70 所示。

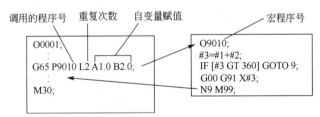

图 2-70  宏程序非模态调用 G65 执行过程

② 宏程序的开始与返回。宏程序的编写格式与子程序相同。其格式为：

```
O0010（0001~8999 为宏程序号）        程序名
N10 ……                             程序指令
……
N30 M99                             宏程序结束
```

宏程序以程序号开始，以 M99 结束。

#### （2）G65 指令说明

① 在 G65 之后用地址 P 指定用户宏程序的程序号。

② 当要求重复时，在地址 L 后指定从 1 到 9999 的重复次数，省略地址 L 后的值时认

为 *l* 等于 1。

③ 使用自变量指定，其值被赋值到相应的局部变量。

**（3）自变量指定**

可用两种形式的自变量指定。自变量指定 I 使用除了 G、L、O、N 和 P 以外的字母，每个字母指定一次；自变量指定 II 使用 A、B、C 和 $I_i$、$J_i$ 和 $K_i$，其下标 *i* 为 1～10，系统根据使用的字母自动地决定自变量指定的类型。

① 自变量指定 I。

表 2-9 为自变量指定 I 的自变量与变量的对应关系。

a. 自变量指定 I 中，G、L、O、N、P 不能用，地址 I、J、K 必须按顺序使用，其他地址顺序无要求。

举例：G65 P3000 L2 B4 A5 D6 J7 K8　　　　正确（J、K 符合顺序要求）

在宏程序中将会把 4 赋给#2，把 5 赋给#1，把 6 赋给#7，把 7 赋给#5，把 8 赋给#6。

举例：G65 P3000 L2 B3 A4 D5 K6 J5　　　　不正确（J、K 不符合顺序要求）

b. 需要指定的地址可以省略，对应于省略地址的局部变量设为空。

c. 地址不需要按字母顺序指定，但应符合字地址的格式。但是，I、J 和 K 需要按字母顺序指定。

**表 2-9　自变量指定 I 的变量对应关系**

| 地址（自变量） | 变量号 | 地址（自变量） | 变量号 | 地址（自变量） | 变量号 |
| --- | --- | --- | --- | --- | --- |
| A | #1 | I | #4 | T | #20 |
| B | #2 | J | #5 | U | #21 |
| C | #3 | K | #6 | V | #22 |
| D | #7 | M | #13 | W | #23 |
| E | #8 | Q | #17 | X | #24 |
| F | #9 | R | #18 | Y | #25 |
| H | #11 | S | #19 | Z | #26 |

② 自变量指定 II。表 2-10 为自变量指定 II 的自变量与变量的对应关系。自变量指定 II 中使用 A、B、C 各 1 次，使用 I、J、K 各 10 次。自变量指定 II 用于传递诸如三维坐标值的变量。

**表 2-10　自变量指定 II 的变量对应关系**

| 地址（自变量） | 变量号 | 地址（自变量） | 变量号 | 地址（自变量） | 变量号 |
| --- | --- | --- | --- | --- | --- |
| A | #1 | $K_3$ | #12 | $J_7$ | #23 |
| B | #2 | $I_4$ | #13 | $K_7$ | #24 |
| C | #3 | $J_4$ | #14 | $I_8$ | #25 |
| $I_1$ | #4 | $K_4$ | #15 | $J_8$ | #26 |
| $J_1$ | #5 | $I_5$ | #16 | $K_8$ | #27 |
| $K_1$ | #6 | $J_5$ | #17 | $I_9$ | #28 |
| $I_2$ | #7 | $K_5$ | #18 | $J_9$ | #29 |
| $J_2$ | #8 | $I_6$ | #19 | $K_9$ | #30 |
| $K_2$ | #9 | $J_6$ | #20 | $I_{10}$ | #31 |
| $I_3$ | #10 | $K_6$ | #21 | $J_{10}$ | #32 |
| $J_3$ | #11 | $I_7$ | #22 | $K_{10}$ | #33 |

注：表中 I、J、K 的下标用于确定自变量指定的顺序，在实际编程中不写。

③ 自变量指定 I、II 的混合。系统能够自动识别自变量指定 I 和自变量指定 II，并赋

给宏程序中相应的变量号。如果自变量指定Ⅰ和自变量指定Ⅱ混合使用，则后指定的自变量类型有效。

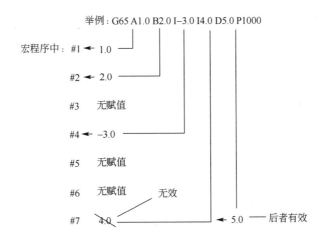

说明：I4.0 为自变量指定Ⅱ，D 为自变量指定Ⅰ，数值 4.0 和 5.0 都赋值给变量#7，但后者有效，所以变量#7 中为 5.0，而不是 4.0。

**（4）小数点的位置**

一个不带小数点的数据在数据传递时，其单位按其地址对应的最小精度解释，因此，不带小数点的数据在传递时有可能根据机床的系统参数设置而被更改。应养成在宏调用中使用小数点的好习惯，以保持程序的兼容性。

# 2.9　跟我学宏程序编程

通常将常用的几何要素编为通用宏程序，如型腔加工宏程序和固定加工循环宏程序，使用时在加工程序中用一条简单指令调出用户宏程序，和调用子程序完全一样。

## 2.9.1　矩形槽粗加工（行切）与精加工宏程序

在数控加工中，行切和环切是典型的两种走刀路线。行切主要用于平面加工；环切主要用于轮廓加工，也可用于平面加工，但环切平面效率比行切低。

行切用于矩形槽粗加工，如图 2-71 所示，在矩形槽中间挖槽。经粗加工后槽的轮廓边界留有精铣余量，精加工采用环切加工，因此行切区域为粗加工形成的矩形区域。

**【例 2-21】**　矩形槽尺寸 260mm×190mm，如图 2-71 所示，编制其行切和环切程序。

**（1）粗铣矩形槽行切取点算法**

① 编程原点：XY 面矩形槽中心点，Z 轴零点在工件上平面。

② 选 φ30mm 立铣刀。

③ 行距=80%×刀具直径=80%×30=24（mm）。

④ 矩形槽粗铣采用图 4-16 所示的行切法，粗铣后工件边界留有精铣余量。粗铣行切后矩形槽尺寸：长×宽=（X 边长–2×余量）×（Y 边长–2×余量）

⑤ 为避免过切，刀具中心切削至零件边界内侧的等距线，等距线与边界距离为刀具

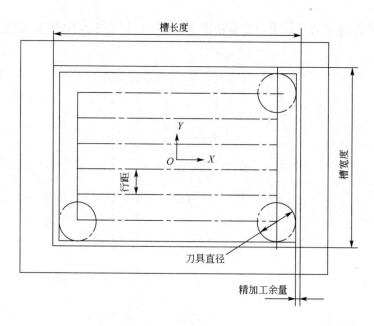

图 2-71　矩形槽行切（粗铣）与环切（精铣）

半径。

刀具在 $X$ 轴走刀极限边界：#8=$X$/2－刀半径=#1/2－#3/2（mm）。

刀具在 $Y$ 轴走刀极限边界：#7=$Y$/2－刀半径=#2/2－#3/2（mm）。

⑥ 深度层切加工，一层余量 2.0mm，由程序"循环 2"完成。

⑦ 每层行切由程序"循环 1"完成。

**（2）变量赋值**

调用户宏程序指令：G65 P9300 I260. J190. C30. K0 M10. R2. Q0.5；

变量赋值对应关系如表 2-11 所示。

表 2-11　变量赋值对应关系

| 自变量 | 变量号 | 本题赋值/mm | 备　注 |
|---|---|---|---|
| I | #4 | 260 | 矩形 $X$ 边长 |
| J | #5 | 190 | 矩形 $Y$ 边长 |
| C | #3 | 30 | 平底立铣刀直径 |
| K | #6 | 0 | 槽深度计数器，初赋值 0 |
| M | #13 | 10 | 槽设计深度 |
| R | #18 | 2 | 深度层切中的一层深度值 |
| Q | #17 | 0.5 | 精加工余量 |

宏程序中使用的参数变量如下。

#1：粗铣后矩形 $X$ 边长。

#2：粗铣后矩形 $Y$ 边。

#7：$Y$ 坐标自变量。

#8：刀具起始点的 $X$ 坐标。

#11：行切方式的行距。

## （3）加工程序

① 主程序如下。

```
O0300;                                  程序号
G54 G90 G00 X0 Y0 Z50. S1000 M03;       设定工件坐标系，刀具在安全平面上定位于O点
G65 P6301 I260. J190. C30. K0 M10. R2. Q0.5;  调用宏程序6301，自变量赋值，粗铣槽
G00 X0 Y0 Z50.;                         快速返回安全平面上的O点处（起始点）
G65 P6302 I260. J190. C30. K0 M10. R2. Q0.5;  调用宏程序6302，自变量赋值，精铣槽
G00 X0 Y0 Z50.;                         快速返回安全平面上的O点处（起始点）
M30;                                    程序结束
```

② 宏程序如下。

```
O6301;                                  用于粗加工宏程序
#1=#4－2*#17;                           矩形长边粗铣后尺寸
#2=#5－2*#17;                           矩形宽边粗铣后尺寸
#7=－[#2/2－#3/2;                       Y坐标自变量，初赋值：起始点坐标
#11=0.8*#3;                             计算行距
#8=#1/2－#3/2;                          计算起始点X坐标
G00 X#8 Y#7;                            定位于始点
Z1;                                     定位于工件R面
N10 WHILE [#6LE#13] DO2;                切深值小于设计深度值，运行循环2
#7=－[#2/2－#3/2 ];                     重置Y始点值
G00 X#8 Y#7 Z2.0;                       快速定位于始点
#6=#6+#18;                              累加计算下切深度
G01 Z－#6;                              切削至层深
WHILE [#7LT[#2/2－#3/2]] D1;            y变量小于刀具位置Y最大值，运行循环1
G01 X－#8 F500;                         由矩形右侧切削至左边
#7=#7+#11;                              计算，y变量递增一个行距
G1 Y#7;                                 Y向移动一个行距
IF[#7GE[#2/2－#3/2]] GOTO10;            y变量大于等于矩形Y边长，转移至N10段
X#8;                                    切削至矩形右边
#7=#7+#11;                              计算，y变量递增一个行距
Y#7                                     Y向移动一个行距
END1;                                   循环1结束
G00 Z50.;                               快速回到安全平面
END2;                                   循环2结束
M99;                                    宏程序结束
```

## （4）精铣方槽宏程序

粗铣图2-71方槽后，如需要精铣，可采用环切法铣削，精铣宏程序如下。

```
O6302;                                  用于精加工宏程序
#1=#4/2－#3/2;                          刀具中心X极限坐标
#2=#5/2－#3/2;                          刀具中心Y极限坐标
G0 X#1 Y#2;                             定位于下刀点
G1 Z－#13 F200;                         下切至槽底
```

```
G1 X—#1;                              切削上边界
Y—#2;                                 切削左边界
X#1;                                  切削下边界
Y#2;                                  切削右边界
Z2.0;                                 回到 R 平面
M99;
```

### 2.9.2 环形阵列孔系零件加工宏程序

【**例 2-22**】 数控加工零件上两组圆周孔系，尺寸 12×M8mm 螺孔，螺孔深 15mm，孔深 20mm，孔位置沿圆周均布，如图 2-72 所示，用宏程序编制加工程序。

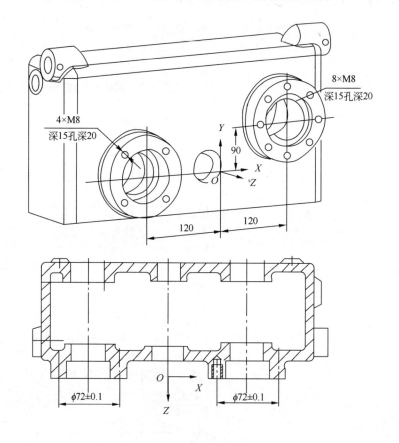

图 2-72 二组圆环阵列孔系

**（1）孔位置点算法**

① 编程原点：如图 2-72 所示，XY 面在零件中间孔的圆心，Z 轴零点在零件圆环部位上平面。

② 螺孔加工分为两个工步：钻预制孔，攻螺纹。钻预孔刀具选 $\phi$6.7mm 麻花钻；攻螺纹选 M8 丝锥。

③ 孔位置 X 坐标：分布圆半径×COS（分布角度），程序计算：#11=#24+#4*COS[#1]。

孔位置 Y 坐标：分布圆半径×SIN（分布角度），程序计算：#12=#25+#4*SIN[#1]。

## （2）变量赋值

变量赋值对应关系如表 2-12 所示。

表 2-12　变量赋值对应关系

| 自变量 | 变量号 | 备　注 |
|---|---|---|
| A | #1 | 起始角度 |
| B | #2 | 角度增量（孔间夹角） |
| I | #4 | 分布圆半径 |
| K | #6 | 孔数 |
| R | #7 | R 平面（快速下刀）高度 |
| F | #9 | 钻孔进给速度 |
| X | #24 | 阵列中心位置 |
| Y | #25 | 阵列中心位置 |
| Z | #26 | 钻孔深度 |

## （3）加工程序

① 主程序如下。

```
O1080;
G91 G28 Z0;                                          返回参考点
M06 T1;                                               中心钻
G54 G90 G0 G17 G40;                                   设定工件坐标系, 保险程序段
G43 Z50. H1 M03 M07 S1000;                            刀具长度补偿
G65 P9080 X-120 Y0 A45. B90. I36. K4. R2. Z3. F50.;   调用宏程序 9080, 参数赋值
G65 P9080 X120. Y90. A0 B45. I36. K8. R2. Z3. F50.;   调用宏程序 9080, 参数赋值
G0 G49 Z120.M05 M09;                                  取消刀具长度补偿, 回安全平面
G91 G28 Z0;                                           返回参考点
M06 T2.;                                              换刀（麻花钻）
G54 G90 G0 G17 G40;                                   设定工件坐标系, 保险程序段
G43 Z50. H2 M03 M07 S800;                             刀具长度补偿
G65 P9080 X-120 Y0 A45. B90. I36. K4. R2. Z20. F50.;  调用宏程序 9080, 参数赋值
G65 P9080 X120. Y90. A0 B45. I36. K8. R2. Z20. F50.;  调用宏程序 9080, 参数赋值
G0 G49 Z50. M05 M09;                                  取消刀具长度补偿, 回安全平面
G91 G28 Z0;                                           返回参考点
M06 T3.;                                              换上 M8 丝锥
G54 G90 G0 G17 G40;                                   设定工件坐标系, 保险程序段
G43 Z50. H2 M03 M07 S800;                             刀具长度补偿
G65 P9080 X-120 Y0 A45. B90. I36. K4. R2. Z15. F50.;  调用宏程序 9080, 参数赋值
G65 P9080 X120. Y90. A0 B45. I36. K8. R2. Z15. F50.;  调用宏程序 9080, 参数赋值
G0 G49 Z50.M05 M09;                                   取消刀具长度补偿, 回安全平面
G91 G28 Z0;                                           返回参考点
M30;                                                  程序结束
```

② 宏程序如下。

```
O9080
#10=1;                                    孔计数器
WHILE [#10 LE #6] DO1;                     加工孔的个数小于等于给定数，循环继续
#11=#24+#4*COS[#1];                        孔位置 X 坐标
#12=#25+#4*SIN[#1];                        孔位置 Y 坐标
G90 G81 G99 X#11 Y#12 Z-#26 R#7 F#9;       钻孔,抬刀至 R 面
#10=#10+1;                                 孔数加 1
#1=#1+#2;                                  计算孔位置分布角
END1;
M99;
```

### 2.9.3 椭圆外轮廓加工

【例 2-23】 加工图 2-73 所示椭圆外轮廓。椭圆长轴（$X$ 向）、短轴（$Y$ 向）分别为 90mm 和 60mm，高度 10mm，编制其加工程序。

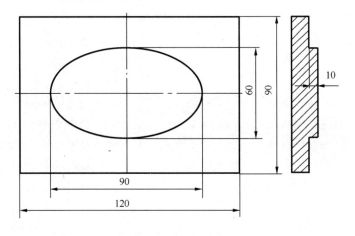

图 2-73　椭圆外轮廓

编程条件：工件坐标系原点在椭圆中心，长半轴 $a$=45，短半轴 $b$=30，下刀点在椭圆右侧，刀具直径 $\phi$18，加工深度 10mm。

**（1）椭圆曲线轮廓取点算法**

① 计算椭圆轨迹。假定椭圆长（$X$ 向）、短轴（$Y$ 向）半长分别为 $a$ 和 $b$，极角为 $\theta$，则椭圆的极坐标参数方程为 $\begin{cases} x = a\cos\theta \\ y = b\sin\theta \end{cases}$，利用此方程完成在椭圆上取点工作。

② 椭圆上点的取点规律如下。

$X$ 坐标值：$X=a\cos\theta$；宏程序指令：#5=#1*COS[#7]。

$Y$ 坐标值：$Y=b\sin\theta$；宏程序指令：#6=#2*SIN[#7]。

**（2）变量赋值**

调用户宏程序指令：G65 P3078 A45. B30. I2.0 E0.2 H10. D0 Q2.0 F500 ；

变量赋值对应关系如表 2-13 所示。

表 2-13　变量赋值对应关系

| 自变量 | 变量号 | 本题给定数值 | 备　　注 |
|---|---|---|---|
| A | #1 | 45. | 椭圆长半轴 |
| B | #2 | 30. | 椭圆短半轴 |
| I | #4 | 2.0 | $Z$ 向下切深度变量，初值 2.0 |
| E | #8 | 0.2 | 角度增量 |
| H | #11 | 10. | 椭圆加工深度 |
| Q | #17 | 2.0 | 层切 $Z$ 向深度增量 |
| D | #7 | 0 | 极角变量，初值 0° |
| F | #9 | 500 | 进给速度 |

## （3）加工程序

① 主程序如下。

```
O0578;                                          主程序号
G54 G90 G40 G00 X0 Y0 Z50.;                     快速定位至安全平面
M03 S1200;
G65 P3078 A45. B30. I10. E0.2 H10. D90. Q2.0 F500; 调用宏程序 O3078，自变量赋值
M30;
```

② 宏程序如下。

```
O3078;                          宏程序号
G00 X0 Y0 Z50.;
WHILE[#4LE#11] DO1;             加工深度 #4≤#11，循环 1 继续
G00 G40 X[#1+20.] Y0;           在安全平面快速定位到下刀点
Z2.0;                           Z 轴定位到 R 面，工件上面 2mm 处
G01 Z-#4 F[#9*0.2] F200;        切削至工件深度 #4
#7=0;                           重置极角初值（0°）
#5=#1*COS[#7];                  切削椭圆起始点，X 值
#6=#2*SIN[#7];                  切削椭圆起始点，Y 值
G42 D01 G01 X#5 Y#6 F#9;        建立刀具半径右补偿
WHILE[#7LE370] DO2;             如果极角 #7≤370°，循环 2 继续
#5=#1*COS[#7];                  椭圆上点的 X 坐标值
#6=#2*SIN[#7];                  椭圆上点的 Y 坐标值
G01 X#5 Y#6 F#9;                以直线段逼近椭圆
#7=#7+#8;                       极角 #7 每次以 #8 递增
END2;                           循环 2 结束，此时 #7 等于 370°
G00 Z50.;                       上升到安全高度
#4=#4+#17;                      Z 坐标切削深度累加一个层切增量
END1;                           循环 1 结束，此时切深 #4 等于 #11（即 10mm）
M99;                            宏程序结束，返回
```

## （4）编程说明

① 宏程序结构。宏程序由两个循环程序组成，"循环体 1"用于完成深度方向层切，"循环体 2"用于完成一层内的切削，即铣削椭圆一周。

深度层切编程。在宏程序中用循环程序实现层切。本例椭圆 $Z$ 向去除材料分 5 层切削，

每次切深 2mm，程序如下。

WHILE[#4LE#11] DO1；（循环条件为切深小于等于规定值，继续循环）

...

#4=#4+#17（每循环一次，切削深度累加一个层切增量,增量为 2mm）

END1；

② 在 *XY* 面椭圆切削路径。椭圆的切削从图 2-73 中的右端极坐标极角为 0° 处开始，逆铣，沿逆时针方向切削椭圆一周，为避免椭圆外表面接刀痕迹，刀具沿椭圆表面多走 10°，即极角取值范围为 0°～370°。

③ 宏程序中采用了刀具半径补偿，程序中建立刀具半径右补偿语句（G42 D01 G01 X#5 Y#6 F#9）不能放在"循环体 2"中，如果放在循环体 2 中，每运行一次循环，则刀具补偿一次，重复执行刀具半径补偿，显然是不对的。G42 语句应放在"循环 2"之外，只执行一次刀具补偿，完成整体"循环 2"程序，然后取消刀具补偿，避免重复刀具半径补偿。

④ 本程序采用逆铣，如果采用顺铣，需改变下述 2 个程序语句。

G42 D01 G01 X#5 Y#6 F#9；改为：G41 D01 G01 X#5 Y–#6 F#9；

G01 X#5 Y#6 F#9；          改为：G01 X#5 Y–#6 F#9；

⑤ 用直线段逼近加工椭圆曲线，理论上产生过切，所以极角增量#8 不能太大，以确保曲线表面光滑和椭圆的形状精度。

# FANUC 系统铣床及加工中心操作

## 3.1 FANUC 系统数控铣床、加工中心操作界面

### 3.1.1 数控铣床（加工中心）操作部分组成

数控机床的操作是通过操作面板完成的，操作面板分两部分，即数控系统操作面板（图3-1）和机床操作面板（图 3-2）。数控系统操作面板用于对数控系统操作，机床操作面板用于对机床的操作。

### 3.1.2 FANUC 数控系统操作面板

数控系统面板由显示屏和键盘组成，如图 3-1 所示。键盘上各键的用途如表 3-1 所示，设在显示器下面的一行键，称为软键。软键由屏幕上最下一行的软键菜单指示，在不同的屏面下，菜单指示的软键当前用途不同。

数控系统操作面板（也称为 MDI 面板）上各种键的分类、用途及其英文标志如表 3-1 所示。

### 3.1.3 机床操作面板

机床操作面板如图 3-2 所示，面板上配置了操作机床所用的按键、旋转开关等。按键分为操作方式选择键、程序检查键等。生产厂家不同，机床的类型不同，其机床面板上开关的配置也不相同，开关的形式及排列顺序有所差异，但基本功能类似。

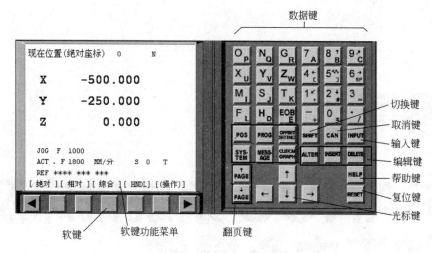

图 3-1　数控系统操作面板

表 3-1　数控系统操作面板上键的用途

| 键的标识字符 | | 键 名 称 | 键 用 途 |
|---|---|---|---|
| RESET | | 复位键 | 用于使 CNC 复位或取消报警等 |
| HELP | | 帮助键 | 当对 MDI 面板上键的操作不明白时按下此键可以获得帮助（帮助功能） |
| SHIFT | | 换挡键 | 在键盘上有些键具有两个功能，按下换挡键可以在这两个功能之间进行切换，当一个键右下角的字母可被输入时就会在屏幕上显示一个特殊的字符 Ê |
| INPUT | | 输入键 | 当按下一个字母键或者数字键时，数据被输入到缓存区，并且显示在屏幕上。要将输入缓存区的数据拷贝到偏置寄存器中等，必须按下 INPUT 键，此键与软键上的[INPUT]键是等效的 |
| ↑ ← ↓ → | | 光标移动键 | 有四个光标移动键，按下此键时，光标按所示方向移动 |
| PAGE PAGE | | 页面变换键 | 按下此键时，用于在屏幕上选择不同的页面（依据箭头方向，前一页、后一页） |
| 功能键 | POS | 位置显示键 | 按下此键显示刀具位置界面。可以用机床坐标系、工件坐标系、增量坐标及刀具运动中距指定位置剩下的移动量等四种不同的方式显示刀具当前位置 |
| | PROG | 程序键 | 按下此键在编辑方式下，显示内存中的程序，可进行程序的编辑、检索及通信；在 MDI 方式，可显示 MDI 数据，执行 MDI 输入的程序；在自动方式可显示运行的程序和指令值进行监控 |
| | OFFSET SETTING | 偏置键 | 按下此键显示偏置/设置 SETTING 界面，如刀具偏置量设置和宏程序变量的设置界面；工件坐标系设定界面；刀具磨损补偿值设定界面等 |
| | SYSTEM | 系统键 | 按下此键设定和显示运行参数表，这些参数供维修使用，一般禁止改动；显示自诊断数据 |
| | MESSAGE | 信息键 | 按下此键按此键显示各种信息（报警号页面等） |
| | CUSTOM GRAPH | 图形显示键 | 按下此键显示宏程序屏幕和图形显示屏幕（刀具路径图形的显示） |
| 程序编辑键 | DELETE | 删除键 | 编辑时用于删除在程序中光标指示位置的字符或程序 |
| | ALTER | 替换键 | 编辑时在程序中光标指示位置替换字符 |
| | INSERT | 插入键 | 编辑时在程序中光标指示位置插入字符 |
| | EOB E | 段结束符 | 按此键则一个程序段结束 |

| 键的标识字符 | 键 名 称 | 键 用 途 |
|---|---|---|
| CAN | 取消键 | 按下此键删除最后一个进入输入缓存区的字符或符号。例如，当键输入缓存区字符显示为>N001X100Z＿＿，当按下 CAN 键时，Z 被取消且屏幕上显示为 >N001X100＿＿ |
| O_P 9^C (总计 24 个) | 地址和数字键 | 输入数字和字母，或其他字符 |
| 〔 〕 | 软键 | 软键功能是可变的，根据不同的界面，软键有不同的功能，软键功能的提示显示在屏幕的底端 |

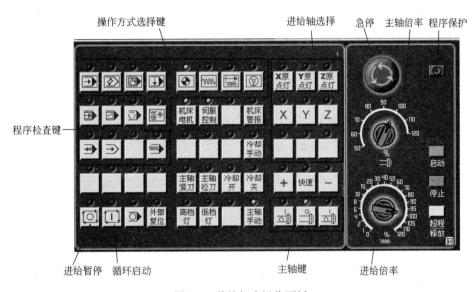

图 3-2 数控机床操作面板

## （1）操作方式选择键（MODE SELECT）

操作者对机床操作时，需要先选择操作机床的操作方式。FANUC 系统机床的操作方式分为编辑（(EDIT)、自动（AUTO)、手动数据输入（MDI)、手轮（HANDLE)、手动连续进给（JOG)、增量进给方式、回参考点（ZERO RETURN)、手动示教（TEACH)、直接数控方式（DNC)，各选择键的用途如表 3-2 所示。

表 3-2 操作方式选择键用途

| 键的标准符号 | 英文标志字符 | 键 名 称 | 用 途 |
|---|---|---|---|
| ⬧ | EDIT | 编辑方式 | 用于检索、检查、编辑加工程序 |
| ➡ | AUTO | 自动运行方式 | 程序存到 CNC 存储器中后机床可以按程序指令运行，该运行操作称为自动运行（或存储器运行）方式<br>程序选择：通常一个程序用于一种工件，如果存储器中有几个程序，则通过程序号选择所用的加工程序 |
| ⬧ | MDI | 手 动 数 据 输 入 方式 | 从 MDI 键盘上输入一组程序指令，机床根据输入的程序指令运行，这种操作称为 MDI 运行方式。一般在手动输入原点偏置、刀具偏置等机床数据时也采用 MDI 方式 |

| 键的标准符号 | 英文标志字符 | 键 名 称 | 用 途 |
|---|---|---|---|
| ⊛ | HANDLE | 手轮进给方式 | 摇转手轮，刀具按手轮转过的角度移动相应的距离 |
| ⌇⌇⌇<br>⌇⌇⌇ | JOG | 手动连续进给方式 | 用机床操作面板上的按键使刀具沿任何一轴移动。刀具可按以下方法移动：手动连续进给，即当一个按钮被按下时刀具连续运动，抬起按键进给运动停止；手动增量进给，即每按一次按键，刀具移动一个固定距离 |
| ⊙ | ZERO RETURN | 手动返回参考点（回零方式） | CNC 机床上确定机床位置的基准点称为参考点，在这一点上进行换刀和设定机床坐标系。通常机床上电后要返回机床参考点，手动返回参考点就是用操作面板上的开关或者按钮将刀具移动到参考点，也可以用程序指令将刀具移动到参考点，称为自动返回参考点 |
| ⌇⌇⌇◆ | TEACH | 示教方式 | 结合手动操作，编制程序。TEACH IN JOG 手动进给示教和 TEACH IN HANDLE 手轮示教方式是通过手动操作获得的刀具沿 $X$ 轴、$Y$ 轴、$Z$ 轴的位置，并将其存储到内存中作为创建程序的位置坐标。除了 $X$、$Y$、$Z$ 外，地址 O、N、G、R、F、C、M、S、T、P、Q 和 EOB 也可以用 EDIT 方式同样的方法存储到内存中 |
| ⬇ | DNC | 计算机直接运行方式 | DNC 运行方式是加工程序不到 CNC 的存储器中，而是从数控装置的外部输入，数控系统从外部设备直接读取程序并运行。当程序太大不需存到 CNC 的存储器中时，这种方式很适用 |

### （2）程序检查键

编辑程序后，进行加工之前须进行程序检查，用于检查编程中的刀具轨迹，防止刀具碰撞，避免事故。程序检查的功能键有机床锁住、辅助功能锁住、进给速度倍率、快速移动倍率、空运行和单段运行等，如表 3-3 所示。

其他常用键的用途如表 3-4 所示。

**表 3-3　程序检查键的用途**

| 按键符号 | 英文标志字符 | 键 名 称 | 用 途 |
|---|---|---|---|
| ⌇⌇⌇ | DRY RUN | 空运行 | 将工件卸下，只检查刀具的运动轨迹。在自动运行期间按下空运行开关，刀具按参数中指定的速度快速进给运动，也可以通过操作面板上的快速速率调整开关选择刀具快速运动的速度 |
| ⊟ | SINGLE BLOCK | 单段运行 | 按下单程序段开关进入单程序段工作方式，在单程序段方式中按下循环启动按钮，刀具在执行完程序中的一段程序后停止，通过单段方式一段一段地执行程序，仔细检查程序 |
| → | MC LOCK | 机床锁住 | 在自动方式下，按下机床锁住开关刀具不再移动，但是显示界面上可以显示刀具的运动位置，沿每一轴运动的位移在变化，就像刀具在运动一样 |
| ◯ | OPT STOP | 选择停止 | 按下选择停止开关，程序中的 M01 指令使程序暂停，否则 M01 不起作用 |
| ⬚ | BLOCK SKIP | 可选程序段跳过 | 按下跳过程序段开关，程序运行中跳过开头标有 "/"、结束标有 ";" 的程序段 |
| ◯ | STOP | 程序停止 | 程序停止只用于输出。按下此开关，在运行程序中的 M00 指令停止程序运行时，该按键显示灯亮 |
| →⬤ | | 程序重启动 | 用于由于刀具破损等原因程序自动运行停止后，程序可以从指定的程序段重新开始运行 |

表 3-4 其他键的标志及用途

| 按键符号 | 英文标志字符 | 键 名 称 | 用 途 |
|---|---|---|---|
| | CYCLE START | 循环启动 | 按下循环启动按键，程序开始自动运行。当一个加工过程完成后自动运行停止 |
| | FEED HOLD | 进给暂停 | 在程序运行中按下进给暂停按键，自动运行暂停，是在程序中指定程序停止或者中止程序命令。程序暂停后，按下循环启动按钮，程序可以从停止处继续运行。 |
| | | 进给当量选择 | 在手轮方式时，选择手轮进给当量，即手轮每转一格，直线进给运动的距离可以选择 $1\mu m$、$10\mu m$、$100\mu m$ 或 $1000\mu m$。 |
| | | | 在手轮方式时，选择用手轮进给的轴 |
| | HANDLE | 手轮 | 转动手轮，刀具进给运动。顺时针转动手轮，刀具正向运动；逆时针转动手轮，刀具负向运动 |
| X Y Z | | 手动进给轴 | 手动进给轴选择，在手动进给方式或手动增量进给方式下，该键用于选择进给运动轴，即 X 轴、Y 轴、Z 轴以及第 4 轴等 |
| + − | | 进给运动方向 | 手动进给方式或增量进给方式时，在选定了手动进给轴后，该键用于选择进给运动方向 |
| 快速 | REPID | 快速进给 | 快速进给，在手动进给方式下按下此开关，执行手动快速进给 |
| | SPINDLE CW | 手动主轴正转 | 主轴正转，按键使主轴顺时针方向旋转 |
| | SPINDLE CCW | 手动主轴反转 | 主轴反转，按键使主轴逆时针方向旋转 |
| | SPINDLE STOP | 手动主轴停 | 主轴停，按键使主轴停止旋转 |
| | ON OFF | 数据保护键 | 数据保护键用于保护零件程序、刀具补偿量、设置数据和用户宏程序等<br>"1"：ON 接通，保护数据<br>"0"：OFF 断开，可以写入数据 |
| | | 进给速度倍率调整 | 进给倍率用于在操作面板上调整程序中指定的进给速度，例如，程序中指定的进给速度是 100mm/min，当进给倍率选定为 20% 时，刀具实际的进给速度为 20mm/min。此键用于改变程序中指定的进给速度，进行试切削，以便检查程序 |
| | | 主轴转速调整 | 进给倍率用于在操作面板上调整程序中指定的主轴转速。例如，程序中指定的主轴转速是 1000 r/min，当进给倍率选定为 50% 时，主轴实际的转速为 500 r/min。此键用于调整主轴转速，进行试切削，以便检查程序 |
| | E-STOP | 紧急停止 | 进给停，断电，用于发生意外紧急情况时的处理 |

# 3.2 跟我学手动操作数控机床

## 3.2.1 通电操作

### （1）打开数控系统电源的步骤

① 检查数控机床的外观是否正常，比如检查前门和后门是否关好。

② 按照机床制造厂商说明书中所述的步骤通电。

③ 通电后如果系统正常，则会显示位置屏幕界面，如图 3-3 所示。

④ 检查风扇电机是否旋转。

应该注意的是，在显示位置屏幕或者报警屏幕之前，不要进行操作，以免按下用于维修保养或者具有特殊用途的按键，而发生意外。

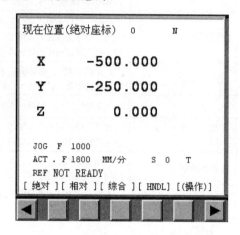

图 3-3　电源接通时位置显示界面

**（2）关闭电源**

关闭数控系统电源应按下述步骤进行。

① 检查操作面板上表示循环启动的显示灯（LED）是否关闭。

② 检查数控机床的移动部件是否都已经停止

③ 如果有外部的输入/输出设备连接到机床上，应先关掉外部输入/输出设备的电源。

④ 持续按下 POWER OFF 按钮大约 5s。

⑤ 参考制造厂提供的说明书，按照其中所述步骤切断机床的电源。

### 3.2.2　手动返回参考点

机床通电后必须进行手动返回参考点操作，建立机床坐标系。手动返回参考点是利用操作面板上的开关和按键，将刀具移动到机床参考点，操作步骤如表 3-5 所述。

表 3-5　手动回参考点的操作步骤

| 顺序 | 按键操作 | 说　明 |
|---|---|---|
| 1 | ⊕ | 在机床操作面板上按下参考点返回键 ⊕ ，进入返回参考点方式，然后分别按下各轴进给方向键，可使各轴分别移动到参考点位置。为防止碰撞，应先操作 Z 轴回参考点，然后操作其他轴回参考点 |
| 2 | | 调整快速移动倍率，选择快速移动速度，当刀具已经回到参考点，参考点返回完毕指示灯亮 |
| 3 | Z | 按 Z 键 |
| 4 | + | 按键 + ，则 Z 轴向正方向移动，同时 Z 轴回零指示灯闪烁 |
| 5 | Z原点灯 | Z 轴移动到参考点时指示灯停止闪烁，同时 Z 轴回零指示灯 Z原点灯 亮，表明 Z 轴回到参考点，这时 Z 轴机械坐标值为 0 |
| 6 | X原点灯 Y原点灯 和 4th轴参考点 | 同上述第 3~5 步骤，分别操作 X 轴、Y 轴，使 X 轴、Y 轴、第 4 轴回到参考点，回零指示灯亮，这时 X 轴、Y 轴、第 4 轴机械坐标值为 0 |

### 3.2.3 手动连续进给

手动连续进给（JOG）是人工按键使坐标轴运动。在 JOG 方式中持续按下操作面板上的进给轴及其方向选择开关，会使刀具沿着所选轴所选方向连续移动。JOG 进给速度可以通过倍率旋钮进行调整。如果同时按下快速移动开关会使刀具以快速移动速度移动。此时 JOG 进给倍率旋钮无效，该功能称为手动快速移动。手动操作一次只能移动一个轴。其操作步骤如表 3-6 所示。

表 3-6　手动连续进给（JOG）步骤

| 顺序 | 按键操作 | 说　明 |
|---|---|---|
| 1 | 〔WWW〕 | 在机床操作面板上选择操作方式，按下手动连续 JOG 〔WWW〕键，选择手动连续方式 |
| 2 | 〔X〕〔Y〕〔Z〕 | 通过进给轴选择开关选择使移动的轴，可以是 X、Y、Z 等轴，按下该开关时刀具移动，释放开关移动停止 |
| | 〔+〕〔-〕 | 通过进给方向选择按键，选择使刀具移动的运动方向同开始运动 |
| 3 | 〔◎〕 | 可以通过进给速度的倍率旋钮，调整进给速度 |
| 4 | 〔快速〕 | 按下进给轴和方向选择开关的同时按下快速移动键，刀具以快移速度移动，在快速移动过程中快速移动倍率开关有效 |

注：各机床操作面板有不同，以上只是一种示例，实际操作请见机床制造。

### 3.2.4 手摇脉冲发生器（HANDLE）进给

手摇脉冲发生器又称为手轮，摇动手轮，使坐标轴移动。手动脉冲方式进给常用于精确调节机床，操作步骤如表 3-7 所示。

表 3-7　手轮进给操作步骤

| 顺序 | 按键 | 说　明 |
|---|---|---|
| 1 | 〔◁〕 | 在机床操作面板上（图 3-1）按手轮方式选择开关（HANDLE）〔◁〕，选择手轮方式 |
| 2 | 〔◎〕 | 使用手摇轮时每次只能单轴运动，轴选择开关用来选择用手轮运动的轴 |
| 3 | 〔◎〕 | 选择移动增量。通过倍率选择，手摇轮旋转一格，轴向移动位移可为 0.001mm/0.01mm/0.1mm/1mm |
| 4 | 〔◎〕 | 旋转手轮，以手轮转向对应的方向移动刀具，手轮旋转 360° 刀具移动的距离相当于 100 个刻度的对应值。手轮顺时针（CW）旋转，所移动轴向该轴的"+"坐标方向移动；手摇轮逆时针（CCW）旋转，则移动轴向"-"坐标方向移动 |

### 3.2.5 主轴手动操作

**（1）加工中心刀具安装在主轴上的操作**

立式加工中心在选择刀具后，刀具被放置在刀架上，将刀具安装到主轴上的步骤如下。

① 按操作面板上〔◎〕按钮，切换到"MDI"模式。

② 点击系统面板上的〔PROG〕按钮。

③ 使用系统面板的键盘输入"G28Z0."，按〔INSERT〕，再按〔I〕，然后输入"T01M06"，按〔INSERT〕，再按〔I〕，此时系统自动将 1 号刀安装到主轴上。

**（2）主轴转动手动操作步骤**

① 将方式选择置于手动操作模式（含 HANDLE、JOG、ZERO）。

② 可由下列三个按键控制主轴运转。

主轴正转按键 ![icon]：主轴正转，同时按键内的灯会亮。

主轴反转按键 ![icon]：主轴反转，同时按键内的灯会亮。

主轴停止按键 ![icon]：手动模式时按此键，主轴停止转动，任何时候只要主轴没有转动，此按键内的灯就会亮，表示主轴在停止状态。

### 3.2.6 安全操作

安全操作包括急停、超程等各类报警处理。

#### （1）报警

数控系统对其软、硬件及故障具有自诊断能力，该功能用于监视整个加工过程是否正常，如果工作不正常，系统及时报警。报警形式常见的有机床自锁（驱动电源切断）、屏幕显示出错信息、报警灯亮、蜂鸣器响。

#### （2）急停处理

当加工过程出现异常情况时，按机床操作面板上的"急停"钮，机床各运动部件在移动中紧急停止，数控系统复位。急停按钮按下后会被锁住，不能弹起。旋转该按钮，即可解锁。急停操作切断了电机的电流，在急停按钮解锁之前必须排除故障。

#### （3）超程处理

在手动、自动加工过程中，若机床移动部件（如刀具主轴、工作台）试图移动到由机床限位开关设定的行程终点以外时，刀具会由于限位开关的动作而减速，并最后停止，界面显示出信息"OVER TRAVEL"（超程）。超程时系统报警、机床锁住、超程报警灯亮，屏幕上方报警行出现超程报警内容（如 X 向超过行程极限）。限位超程处理按表 3-8 所示步骤操作。

表 3-8　超程处理操作步骤

| 顺序 | 按　键 | 说　明 |
|---|---|---|
| 1 | ![icon] | 将操作模式置于手轮进给方式（HANDLE） |
| 2 | | 用手摇轮使超程轴反向移动适当距离（大于 10mm） |
| 3 | ![RESET] | 按"RESET"键，使数控系统复位 |
| 4 | | 超程轴原点复位，恢复坐标系统 |

# 3.3　数控机床基本信息显示

### 3.3.1　屏面显示内容

数控系统的显示屏面是人机对话的工具，操作者必须看懂屏面的内容。屏面划分五个区域，即当前屏面内容显示区、数据显示区、数据设定区、CNC 运行状态／报警信息显示区和软件菜单显示区，各区域的位置分布如图 3-4 所示。上述 5 个区域不总是在同一屏面中同时出现，而是根据不同功能显示屏面而有所不同。

### 3.3.2　屏面中显示的数控系统（CNC）当前状态信息

图 3-4 屏面中倒数第二行是 CNC 状态/报警信息显示行。用于实时显示 CNC 运行的状态，

便于操作者在操作过程中通过屏面监视 CNC 的运行。该行在显示状态时有八个位置，其中由第（1）个位置到第（8）位置分别显示的状态是：（1）操作方式状态；（2）自动运转状态；（3）自动运转状态；（4）辅助功能状态；（5）紧急停止或复位状态；（6）报警状态；（7）时间显示；（8）程序编辑状态/运转中的状态。在这八个位置上显示的 CNC 运行状态信息，用英文略写字符表示，每种状态下的信息字符及其含义如表 3-9 所示。

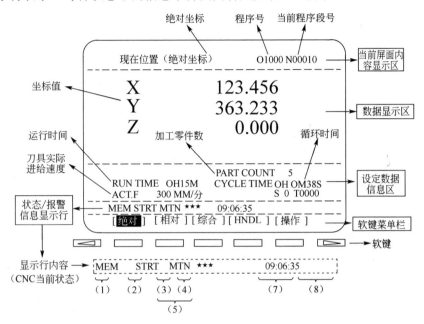

图 3-4　屏面显示区域分布和 CNC 当前状态显示行

表 3-9　状态显示行显示字符的含义

| 在状态行中所处位置 | 系统所处当前状态 | 显示字符 | 含　义 |
|---|---|---|---|
| （1） | 当前系统处于的操作方式 | MEM | 自动方式（存储方式） |
| | | MDI | 手动数据输入/MDI 方式 |
| | | EDIT | 程序编辑方式 |
| | | RMT | 远程方式 |
| | | JOG | 手动连续进给 |
| | | REF | 回参考点 |
| | | INC | 增量进给方式=步进进给（没有手摇脉冲发生器时） |
| | | HND | 手动手轮进给方式 |
| | | TJOG | TEACH IN JOG（JOG 示教方式） |
| | | TEND | TEACH IN HANDLE（手轮示教方式） |
| （2） | 自动运转状态 | STRT | 自动运转启动状态（自动运转程序执行中的状态） |
| | | HOLD | 自动运转暂停状态（中断 1 个程序段的执行，处于停止的状态） |
| | | STOP | 自动运转停止状态（执行完一个程序段，自动运转停止的状态） |
| | | *** | 其他状态（电源接通时，自动运转结束状态） |
| （3） | 自动运转状态 | MTN | 根据程序进行轴移动的状态 |
| | | DWL | 执行程序中暂停指令（G04）的状态 |
| | | *** | 其他状态 |

| 在状态行中所处位置 | 系统所处当前状态 | 显示字符 | 含 义 |
|---|---|---|---|
| （4） | 辅助功能状态 | FIN | 辅助功能正在执行中的状态、等待完成信号"FIN"的状态 |
| | | *** | 其他状态 |
| （5）（显示（3）和（4）的位置） | 紧急停止或复位状态 | EMG | 紧急停止状态 |
| | | RESET | CNC复位状态（复位信号或MDI的RESET键接通的状态） |
| （6） | 报警状态 | ALM | 检测出报警的状态 |
| | | BAT | 电池电压低（应该更换） |
| | | 空白 | 其他状态 |
| （7） | 时间显示 | | 时间显示：时：分：秒 |
| （8） | 程序编辑状态／运转中的状态 | 入力 | 数据输入中 |
| | | 出力 | 数据输出中 |
| | | SRCH | 数据检索中 |
| | | EDIT | 进行插入、变更等编辑的状态 |
| | | LSK | 数据输入时标记跳跃（读取有效信息）的状态 |
| | | MBL APC | 预读控制（预读多程序段）方式中的状态 |
| | | 空白 | 不进行编辑的状态 |

### 3.3.3 显示屏面的切换

#### （1）六个功能屏面的切换

数控系统的操作划分为六类功能，系统执行某一类功能，需要在相应的功能屏面上操作，"功能键"用于切换功能屏面。键盘上的"功能键"有6个，即位置键、程序键、刀偏/设定键、系统键、信息键以及用户宏或图形显示键，如图3-5所示。

#### （2）每一功能屏面下的子屏面

在每一类功能中还包含多种子屏面，在FANUC操作说明书中称其为不同的章节屏面，同类功能中的各"章节"屏面用"软键"选择（软键用于切换章节，或选择操作，称为章节选择软键和操作选择软键。软键分

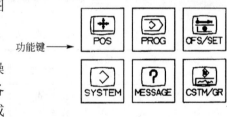

图3-5 功能键

布在显示屏下方，中间五个软键用途是可变的，在不同的功能显示屏面中，它们具有不同的当前用途，依据屏面中最下方显示的软键菜单，可以确定各软键的当前用途，如图3-6所示。

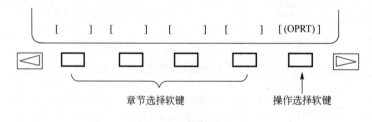

图3-6 软键分布

如果有关一个目标章节的屏面没有显示出来，按下菜单继续键（下一菜单键），再按某一个软键就可以选择相关的显示屏面。为了重新显示章节选择软键，可按菜单返回键，如图

3-7 所示。

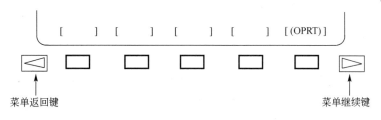

图 3-7　软键

### （3）切换屏面操作

综上所述，切换屏面操作步骤如下。

① 按下 MDI 面板上的某功能键，打开该功能显示界面，同时属于该功能涵盖的软键提示在屏幕最下一行显示出来。

② 按下其中一个软键，则该软键所规定的界面显示在屏幕上，如果有某个提示菜单没有显示出来，按两端软键，可以扩展显示菜单，显示出所需软键菜单。

③ 当所选界面在屏幕上显示后，按"软键"以显示要进行操作的数据。

## 3.3.4　在屏面上显示刀具的位置

按下程序功能键 [POS]，屏面显示刀具的当前位置，如图 3-8 所示。刀具位置可用三种方式显示，即工件坐标系、相对坐标系、综合位置显示。三种方式之间可以通过软键 [绝对]、[相对]、[综合]进行切换。

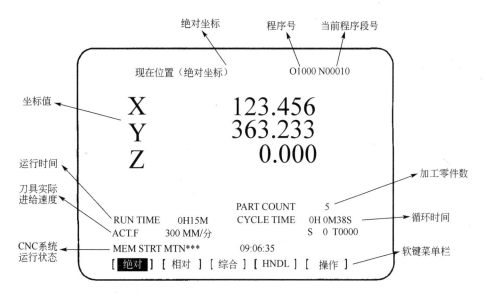

图 3-8　工件坐标系位置显示屏幕

### （1）工件坐标系位置显示操作

用工件零点为原点表示刀具位置，其操作步骤如下。

① 按下功能键 [POS]。

② 按下软键 [绝对][相对][综合][HNDL][操作]。打开工件坐标系位置显示界面，如图 3-8 所示。工

87

件坐标系位置显示的界面特点是屏幕顶部的标题标明使用的是"绝对坐标系"。

**（2）相对坐标系位值显示界面**

用增量坐标值显示刀具当前位置，其操作步骤如下。

① 按下功能键 POS 。

② 按下软键 [ 绝对 ] [ 相对 ] [ 综合 ] [ HNDL ] [ 操作 ] 。打开相对坐标系位置显示屏幕，如图 3-9 所示。

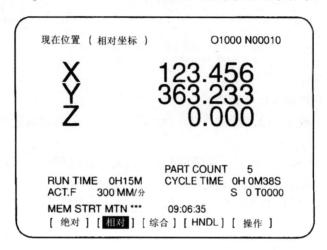

图 3-9　相对坐标系位置显示屏幕

**（3）综合位置显示界面**

在综合位置屏幕上显示位置刀具在工件坐标系、相对坐标系和机床坐标系中的位置，以及剩余的移动量。打开综合位置显示界面的步骤如下。

① 按下功能键。

② 按下软键 [ 绝对 ] [ 相对 ] [ 综合 ] [ HNDL ] [ 操作 ] 。打开综合坐标系位置显示屏幕，如图 3-10 所示。

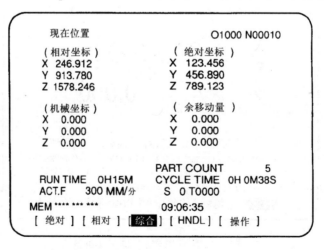

图 3-10　打开综合位置显示屏幕

### 3.3.5　在屏面上显示程序运行状态

数控机床在 AUTO（自动）方式下按下功能键 PROG ，屏面显示出运行中程序的信息，其子屏面包括：运行中程序内容屏面；当前程序段屏面；下一程序段屏面；程序检查屏面。

**（1）运行中程序内容屏面**

① 按下功能键 PROG。

② 按下软键 【程式】【检规】【现单节】【次单节】【操作】。

显示当前正在运行中的程序，光标位于当前正在运行的程序段上，如图 3-11 所示。

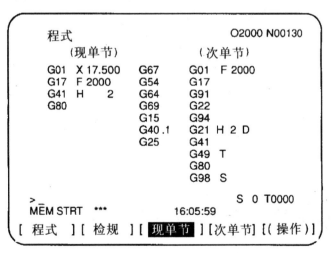

图 3-11　运行中程序内容屏面

**（2）当前程序段屏面**

按下软键 【程式】【检规】【现单节】【次单节】【操作】。

显示当前正在执行的程序段及其模态数据，如图 3-12 所示。

程式　　　　　　　　　　　　　O2000 N00130

|（现单节）| | |（次单节）| |
|---|---|---|---|---|
| G01 | X 17.500 | G67 | G01 | F 2000 |
| G17 | F 2000 | G54 | G17 | |
| G41 | H　2 | G64 | G91 | |
| G80 | | G69 | G22 | |
| | | G15 | G94 | |
| | | G40 .1 | G21 | H 2 D |
| | | G25 | G41 | |
| | | | G49 | T |
| | | | G80 | |
| | | | G98 | S |

>_　　　　　　　　　　　　　　S  0 T0000
MEM STRT　***　　　16:05:59
[ 程式　] [ 检规 ] [ 现单节] [次单节] [( 操作)]

图 3-12　当前执行中的程序段及其模态数据

**（3）下一个程序段屏面**

按下软键 【程式】【检规】【现单节】【次单节】【操作】。

显示当前正在执行的程序段以及下一个将要执行的程序段，如图 3-13 所示。

**（4）程序检查屏面**

按下软键 【程式】【检规】【现单节】【次单节】【操作】。

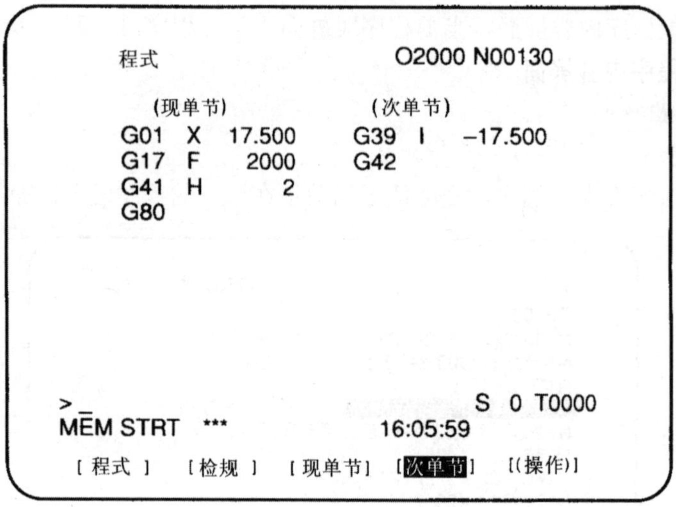

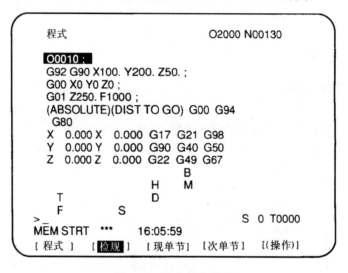

图 3-13　下一个程序段屏面

显示当前正在执行程序段的刀具位置和模态数据，如图 3-14 所示。

图 3-14　检查程序屏面

# 3.4　跟我学创建、运行加工程序操作

【例 3-1】　在图 3-15 零件平面已加工完成，坯料已规方，在数控铣床加工宽为 8mm 的圆弧槽，选用 ϕ8mm 立铣刀。

程序说明：

由于立铣刀端面结构有中心孔，轴向一次进给切入工件深度不能大于 0.5mm。所以刀具不能沿 Z 向直线切入工件实体，而应沿预制孔轴向下刀，或者按斜线（坡走下刀）或螺旋线（螺旋下刀）轨迹切入工件。本题采用了沿圆弧槽螺旋下刀方案，加工程序如下。

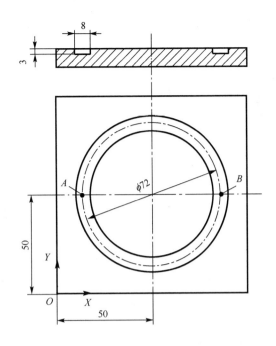

图 3-15　加工圆弧槽

```
O0040;                                      第 0040 号程序
N10 G54 G90 G00 Z50.0;                      设定坐标系，原点在 O 处，刀具至安全高度
N12 X14.0 Y50.0 S1000 M03;                  在安全面内刀具到 A 点上方
N14 Z1.0;                                   快速接近工件至 R 面
N16 G17 G03 X86.0 Y50.0 Z-3.0 I36.0 J0 F50.0;  螺旋下刀，到 B 点，切入工件深 3mm
N18 I-36.0 ;                                切削整圆槽
N20 G01 Z1.0 ;                              抬刀至 R 面，避免擦伤工件
N22 G00 Z50.0 ;                             快速至安全高度
N24 X0 Y0;                                  回到起始点
N26 M02;                                    程序结束
```

下面通过在数控机床上创建、运行例 3-1 程序，说明创建程序的方法。

### 3.4.1　创建加工程序

在数控机床上创建程序通常有 4 种方法：用键盘；在示教方式中编程；通过图形会话功能编程；用自动编程。

使用键盘创建例 3-1 程序步骤如下。

① 按 ⏏ 键，进入编辑（EDIT）方式。

② 按下功能键 PROG。

③ 按下地址键 O，输入程序号 0040。键入的数据进入缓冲区，显示在图 3-16 所示屏面的缓冲区。

④ 按下键 INSERT。缓冲区的数据进入内存，显示在图 3-16 所示屏面的内存区。

⑤ 将 "N10 G54 G90 G00 Z50.0;" 键入缓冲区，显示在图 3-16 所示屏面的缓冲区。

⑥ 按下键 INSERT。缓冲区的数据进入内存，显示在屏面的内存区。

采用类似操作，将例 3-1 的 0040 程序全部输入内存。

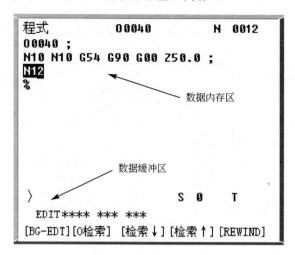

图 3-16　自动插入顺序号功能

⑦ 在上面的例子中，如果在另一个程序段中不需要 N12，则在 N12 显示后，按下键[DELETE]可删除 N12。要在下一个程序段中插入 N100 而不是 N12，在显示 N12 后输入 N100，再按键[ALTER]，则 N100 显示在内存区，并将初始值改为 100。

### 3.4.2　检索数控程序

当内存中存有多个程序时可以检索出其中的一个程序，下面介绍两种检索程序号的方法。

**（1）检索程序方法一**

① 选择[②]编辑方式，或[→]自动运行方式。

② 按下[PROG]键，显示程序屏幕界面。

③ 输入地址[O]。

④ 输入要检索的程序号，例如内存中的程序 O0040

⑤ 按下软键[O 检索]。

⑥ 检索结束后，检索到的程序号显示在屏幕的右上角，如果没有找到该程序，界面上就会出现 P/S 报警（71 号报警，其内容是指定的程序号未检索到）。

**（2）检索程序方法二**

① 选择[②]编辑，或[→]自动运行方式。

② 按下[PROG]键，显示程序屏幕面。

③ 按下软键[O 检索]。

此时检索程序目录中的一个程序。

### 3.4.3　自动运行程序（自动加工）

程序事先存储到存储器中，选择了其中的一个程序，按下机床操作面板上的循环启动按钮[I]，就可以启动自动运行这一程序。在自动运行中按下机床操作面板上的进给暂停按钮

【▢】，自动运行被临时中止，当再次按下循环启动按钮后，自动运行又重新进行。

当 MDI 面板上的【ﾘｾｯﾄ】键被按下后，自动运行被终止并且进入复位状态。

例如运行例 3-1 中的 0040 程序的操作过程如下。

① 按下【⮕】键，选择自动方式。

② 从存储的程序中选择程序 O0040，其步骤如下。

a. 按下【PROG】键以显示程序屏幕。

b. 按下地址键【O】。

c. 使用数字键输入程序号"0040"。

d. 按下软键[O 检索]。

③ 按下操作面板上的循环启动按钮【❚】，启动自动运行，同时循环启动 LED 闪亮，当自动运行结束时指示灯熄灭。

④ 要在中途停止或者取消存储器运行，按以下步骤进行。

a. 停止存储器运行。按下机床操作面板上的进给暂停按钮【▢】，进给暂停指示灯 LED 亮，并且循环启动指示灯熄灭。

b. 终止存储器运行。按下 MDI 面板上的【ﾘｾｯﾄ】键，自动运行被终止并进入复位状态。当在机床移动过程中，执行复位操作时机床会减速直到停止。

### 3.4.4 MDI 运行数控程序

在 MDI 方式中通过键盘可以编制最多 10 行程序段，并被执行。以下的步骤给了一个 MDI 运行操作示例。

① 按下【▣】，进入 MDI 方式。

② 按下键盘上功能键【PROG】，再按软键[MDI]，MDI 界面如图 3-17 所示。界面上的程序号 O0000 是自动加入的。

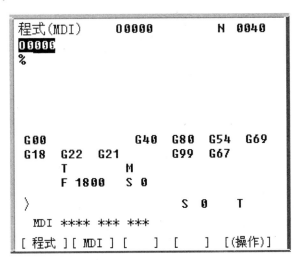

图 3-17　MDI 操作界面

③ 编制一个要执行的程序，在结束的程序段中加上 M99 用在程序执行完毕后，将控制返回到程序头。在 MDI 方式编制程序可以用插入、修改、删除字检索，以及地址检索、程序

检索等操作。

④ 要完全删除在 MDI 方式中编制的程序，使用以下方法。

a. 输入地址 $\boxed{\text{O}}$，然后按下 MDI 面板上的 $\boxed{\text{DELETE}}$ 键。

b. 或者按下 $\boxed{\text{RESET}}$ 键。

⑤ 为了启动程序，将光标移动到程序头，当然也可以从中间点启动执行，按下操作面板上的循环启动按钮 $\boxed{\text{□}}$，程序启动运行。当执行程序结束指令 M02 或 M30，或者执行"%"后，程序自动清除并且结束运行。通过指令 M99，自动回到程序的开头。

⑥ 要在中途停止或结束 MDI 操作，按以下步骤进行。

a. 停止 MDI 操作。按下操作面板上的进给暂停开关，进给暂停指示灯亮，循环启动指示灯熄灭，当机床在运动时进给操作减速并停止。当操作面板上的循环启动按钮再次被按下时，机床重新启动运行。

b. 结束 MDI 操作。按下 MDI 面板上的 $\boxed{\text{RESET}}$ 键，自动运行结束并进入复位状态。当在机床运动中执行了复位命令后，运动会减速并停止。

# 3.5 跟我学存储偏移参数操作

## 3.5.1 用 G54~G59 指令建立工件坐标系

【例 3-2】 在机床工作台上装夹三个工件，每个工件设置一个工件坐标系。用 G54、G55、G56 指令选择工件坐标系。

解：操作步骤如下。

① 在机床工作台上装夹三个工件，使每个工件坐标轴与机床导轨（机床坐标轴）方向一致。

② 对刀、测量出程序原点偏移值，实测偏移数据如图 3-18 所示，其 Z 向设为"0"。

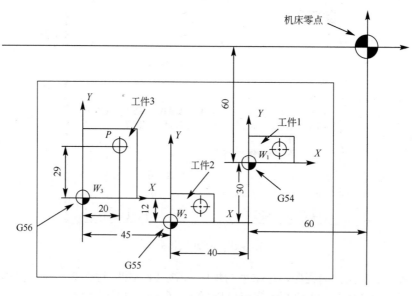

图 3-18　工件 1、工件 2、工件 3 的程序原点偏移数据

③ 显示和设定工件原点偏移数据。操作机床的数控面板，步骤如表 3-10 所示，把程序原点偏移数据分别存入地址 G54、G55、G56，屏幕显示如图 3-19 所示。

零件 1：在地址 G54，存入原点($W_1$)偏移数据 $X= -60.0$；$Y= -60.0$；$Z=0$。

零件 2：在地址 G55，存入原点($W_2$)偏移数据 $X= -100.0$；$Y= -90.0$；$Z=0$。

零件 3：在地址 G56，存入原点($W_3$)偏移数据 $X= -145.0$；$Y= -78.0$；$Z=0$。

表 3-10    显示和存储工件原点偏移数据（G54～G59）操作步骤

| 步骤 | 按　　键 | 说　　明 |
|---|---|---|
| 1 | OFFSET SETTING | 将屏幕显示切换至"OFF/SET"（刀偏/设定）方式 |
| 2 | 软键[坐标系] | 显示工件坐标系设定屏幕面，如图 3-19 所示 |
|  | 或 "PAGE" 换页键 | 切换屏幕显示，如图 3-19 所示 |
| 3 | ⊘ | 操作面板上的数据保护键，置 "0"，使得数据可以写入 |
| 4 | 光标移动 | 将光标移动到想要改变的工件原点偏移地址，例如 G54 中的 X （见图 3-19） |
| 5 | 数字键→软键[输入] | 通过数字键输入工件原点偏移值，例如 "–60.0"，显示在缓冲区（见图 3-19），然后按下软键[输入]，输入的值被指定为工件原点偏移数据，如图 3-20 所示 |
| 6 | 重复第 4 步和第 5 步 | 存储其他地址的偏移数据。G54、G55、G56 存储完毕，屏显如图 3-20 所示 |
| 7 | ⊘ | 操作数据保护键，置 "1"，禁止写入数据（保护数据） |

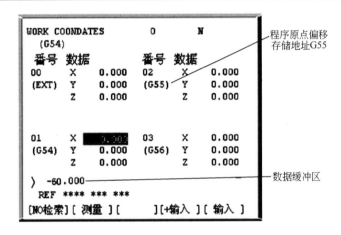

图 3-19    键入工件原点偏移值 "–60.0"，显示在缓冲区

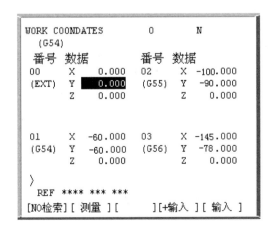

图 3-20    在地址 G54、G55、G56 中已存储的原点偏移数据

程序中给出指令（G54～G56），机床即设定当前运行的工件坐标系，程序编制如下。

```
N10 G90 G54;              设定工件坐标系 1 为当前坐标系（图 3-18 中 $W_1$ 为程序原点）
⋮
N100G55;                  设定工件坐标系 2 为当前坐标系（图 3-18 中 $W_2$ 为程序原点）
⋮
N200 G56;                 设定工件坐标系 3 为当前坐标系（图 3-18 中 $W_3$ 为程序原点）
G90 G00 X20.0 Y29.0;      定位到工件坐标系 3 的 P 点（X20，Y29）位置
⋮
```

程序段中的"；"号为程序段结束符，操作机床时按操作面板的 EOB 键。

### 3.5.2 跟我学手动对刀，存储刀具长度补偿值

在不连刀柄一起更换的铣削加工中，使用刀具长度补偿的意义不大，仅在刀具经磨损长度变短，需修正时使用。但对使用多把刀具的加工中心或刀柄整体装卸的铣床批量加工，刀具长度补偿用途很大。

在实际生产中，多把刀具间的长度差值采用 Z 轴对刀取得。通过对刀，存储多把刀具长度补偿值的操作步骤如下。

**（1）基准刀具对刀**

目的：基准刀具定位于工件 Z=0 的位置，并把该位置屏面显示的相对坐标值设置为"0"。其操作步骤如下。

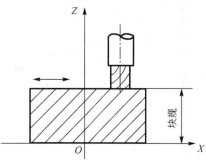

图 3-21 垂直对刀

① 把块规放在工作台上，手动基准刀具使其端面与块规上表面的指定点接触，如图 3-21 所示。操作时要慢速使刀具端面接近块规上表面，同时用手沿工作台面慢速移动块规，凭手感确认刀具端面与块规轻轻接触，以避免基准刀具与块规碰撞，保证对刀精度。也可采用寻边器，使寻边器与工件表面接触，此操作简单，容易保证精度。

② 按下操作面板的功能键 [POS] 若干次，直到显示具有相对坐标的当前位置屏幕，如图 3-22 所示。或者按下软键[相对]，显示相对坐标界面。

```
现在位置（相对坐标）              O1000 N00010

   X         123.456
   Y         363.233
   Z         230.063


                       PART COUNT    5
   RUN TIME  0H15M     CYCLE TIME  0H 0M38S
   ACT.F   3000 MM/M                S  0 T0000

   MEM STRT MTN ***     09:06:35
   [绝 对] [相 对] [综 合] [ HNDL] [操 作]
```

图 3-22 相对坐标的当前位置屏幕界面

跟我学 FANUC 数控系统手工编程

③ 将 Z 轴的相对坐标值复位为 0，即基准刀具端面刃位置的相对坐标值为 0。

将某轴相对坐标复位为"0"的操作方法如下。

a. 在相对坐标界面上输入轴的地址 Z(或地址 X、地址 Y)，闪亮处（Z 轴）标明了输入所指定的轴，软键变化如图 3-23 所示。

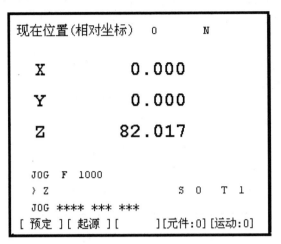

图 3-23 相对坐标下输入"Z"轴地址时的界面

b. 按下软键[起源]，相对坐标系中闪亮的轴的坐标值被复位为"0"。按软键[全轴]，则相对坐标全为"0"，如图 3-24 所示。

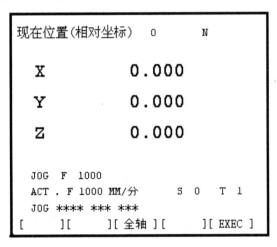

图 3-24 相对坐标系轴的坐标值被复位为"0"

**（2）其他被测刀具对刀**

目的：被测刀具定位于工件 Z=0 的位置，同时读出屏面显示的相对坐标值，该值是被测刀相对基准刀的长度差值，把该值存入相应的 H 地址。其操作步骤如下。

① 换刀，换上被测量刀具。

② 通过手动移动被测量的刀具，使其与块规同一指定点接触，观察屏幕，屏幕的相对坐标系值即为基准刀具和被测量刀具长度的差值。如图 3-25 所示，屏显相对坐标值为 36.183，该值是被测刀具与基准刀的长度差值。

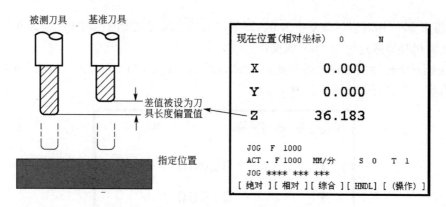

图 3-25 被测刀具在相对坐标系中 Z 轴的坐标值

③ 按下功能键 [OFFSET SETTING] 若干次，直到显示刀具补偿屏幕（图 3-26）。将光标移动到刀具的补偿号码目标上，例如"H02"。

④ 键入屏幕显示的相对坐标系值 36.183，数据显示在缓冲区，如图 3-26 所示。

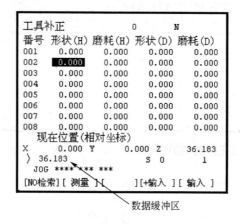

图 3-26 键入刀补值显示在数据缓冲区

⑤ 按下软键[输入]，36.183 作为刀具补偿值输入，并被显示为刀具长度偏置补偿值，如图 3-27 所示。

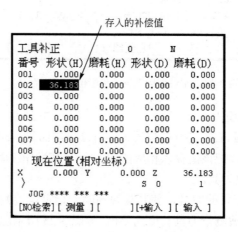

图 3-27 输入的刀具长度补偿值

跟我学 FANUC 数控系统手工编程

小结：移动基准刀具和被测量刀具，使其接触到机床上的同一指定点，测量出刀具长度差值，并将刀具长度的偏置值存储到 H×× 存储器中。采用类似的操作过程，沿 $X$ 轴、$Y$ 轴方向的刀具长度补偿值也可以设定。

### 3.5.3 跟我学手动设定刀具半径补偿值

刀具半径补偿在程序中一般由 D 代码指定刀具偏置量。加工前需要把刀具偏置值输入到 D 地址中，即显示刀具补偿界面，并在该界面上设定刀偏值。例如，在 D01 中设定补偿值 7.7mm 的操作步骤如表 3-11 所示。

表 3-11　显示和设置刀具补偿值

| 顺序 | 按　键 | 说　明 | 显　示　屏 |
|---|---|---|---|
| 1 | [OFFSET SETTING] | 在屏幕上打开参数界面 | |
| 2 | 软键[补正] 或多次按 [OFFSET SETTING] | 显示刀具补偿屏幕 | 工具补正　　　　　　　O　　　N<br>番号　形状(H)　磨耗(H)　形状(D)　磨耗(D)<br>001　0.000　0.000　**0.000**　0.000<br>002　0.000　0.000　0.000　0.000<br>003　0.000　0.000　0.000　0.000<br>004　0.000　0.000　0.000　0.000<br>005　0.000　0.000　0.000　0.000<br>006　0.000　0.000　0.000　0.000<br>007　0.000　0.000　0.000　0.000<br>　　现在位置(相对坐标)<br>X　-500.000　Y　-250.000　Z　0.000<br>　〉　　　　　　　　S　O　　T<br>　REF ****　***　***<br>[补正][SETTING][坐标系][　][（操作）] |
| 3 | 用光标定位于补偿号 | 通过页面键和光标键将光标移到要设定和改值的补偿号位置,例如 D01 处 | |
| | 检索补偿号 | 输入补偿号码,并按下软键[NO.检索] | |
| 4 | 键入偏移值 | 在数据缓冲区输入一个新补偿值，如 7.7 | 工具补正　　　　　　　O　　　N<br>番号　形状(H)　磨耗(H)　形状(D)　磨耗(D)<br>001　0.000　0.000　**0.000**　0.000<br>002　0.000　0.000　0.000　0.000<br>003　0.000　0.000　0.000　0.000<br>004　0.000　0.000　0.000　0.000<br>005　0.000　0.000　0.000　0.000<br>006　0.000　0.000　0.000　0.000<br>007　0.000　0.000　0.000　0.000<br>008　0.000　0.000　0.000　0.000<br>　　现在位置(相对坐标)<br>X　-500.000　Y　-250.000　Z　0.000<br>　〉　7.7　　　　　S　O　　T<br>　REF ****　***　***<br>[NO检索][　测量　][　][+输入　][　输入　] |
| | 软键[输入] | 设定补偿值 | 工具补正　　　　　　　O　　　N<br>番号　形状(H)　磨耗(H)　形状(D)　磨耗(D)<br>001　0.000　0.000　**7.700**　0.000<br>002　0.000　0.000　0.000　0.000<br>003　0.000　0.000　0.000　0.000<br>004　0.000　0.000　0.000　0.000<br>005　0.000　0.000　0.000　0.000<br>006　0.000　0.000　0.000　0.000<br>007　0.000　0.000　0.000　0.000<br>008　0.000　0.000　0.000　0.000<br>　　现在位置(相对坐标)<br>X　-500.000　Y　-250.000　Z　0.000<br>　〉　　　　　　　　S　O　　T<br>　REF ****　***　***<br>[NO检索][　测量　][　][+输入　][　输入　] |
| | 键入数值→软键[+输入] | 修改补偿值（输入一个将要加到当前补偿值的值,如输入负值将减小当前的值） | |

## 第 **4** 章

# 数控镗铣加工编程与工艺实例

## 4.1 数控孔系加工（数控加工步骤）

**学习要点**：详细说明数控加工的步骤；平口钳装夹工件方法；分中对刀设置工件坐标系原点。

**【例 4-1】** 零件图如图 4-1 所示。钻加工 4×$\phi$10 孔和 4×$\phi$5 孔，工件材质为 45 钢，毛坯上下平面已磨削到尺寸，四面已规方。

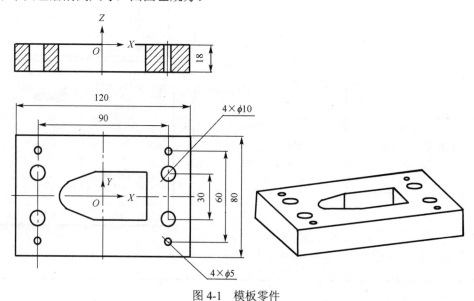

图 4-1 模板零件

## 4.1.1 分析零件图

工件上下平面已磨削到尺寸，四面已规方，本工序钻孔，孔的设计基准是工件中心点。

## 4.1.2 确定加工工艺

① 工件坐标系原点。根据基准重合原则，选择加工表面的设计基准为工件编程原点，本工序孔的设计基准是工件上表面中心点，以该点位置为工件坐标系原点。按右手系的规定，确定加工坐标系如图4-1所示。

② 工件装夹。采用平口虎钳装夹工件。工件的底面和侧面已磨削，故以底面和侧面为工件的定位面。

③ 刀具选择。采用$\phi$10mm（T1）和$\phi$5mm（T2）的高速钢钻头，用弹簧夹头夹持高速钢钻头。

④ 确定切削用量。主轴转速$S$为700 r/min、进给速度$F$为30mm/min。

## 4.1.3 编制、创建程序

### （1）编写程序

加工程序编制如下。

| 程序 | 说明 |
|---|---|
| O0423 | 程序号 |
| N10 G54 G90 G00 Z50.0 M03 S700; | 设定坐标系，快速至初始高度，启动主轴 |
| N15 G28 M06 T1; | 换刀 T01（$\phi$10） |
| N20 G43 Z50.0 H01; | 快速至安全平面，刀具长度补偿 |
| N30 G99 G81 X–45. Y–15. Z–21. R2.0 F1000; | 钻孔循环，加工孔 4×$\phi$10 |
| N40 X–45. Y15.; | |
| N50 X45. Y15.; | 钻孔后返回安全平面 |
| N60 G98 X45. Y–15.; | 取消钻孔循环，快速至安全高度 |
| N90 G80 G00 Z50.0; | 取消刀具长度补偿 |
| N100 G49 Z50.0 ; | 换刀 T02（$\phi$5） |
| N110 G28 M06 T2; | |
| N120 G00 X0 Y0; | |
| N130 G43 Z50.0 H01; | 快速至安全平面，刀具长度补偿 |
| N140 G99 G81 X–45. Y–30. Z–21. R2.0 F1000; | 钻孔循环，加工孔 4×$\phi$5 |
| N40 X–45. Y30.; | |
| N50 X45. Y30.; | |
| N60 G98 X45. Y–15.; | 钻孔后返回安全平面 |
| N90 G80 G00 Z50.0; | 取消钻孔循环，快速至安全高度 |
| N100 G49 Z50.0 ; | 取消刀具长度补偿 |
| N110 X0 Y0 M05; | 回到起始点 |
| N120 M30; | 程序结束 |

（2）创建程序（参考 3.4 节）

### 4.1.4　检验程序

在实际加工之前检查加工程序，以确认程序编写、坐标原点的设置等是否正确。用机床锁住、空运行、单段运行等功能检查程序。

**（1）机床锁住**

机床的锁住功能是刀具不动，而在界面上显示程序中刀具位置的运行状态。其操作方法是：按下机床操作面板上的机床锁住开关 ➡，此时按下循环启动开关 ▯，刀具不再移动，但是屏面仍像刀具在运动一样地显示程序运行状态。

**（2）空运行**

空运行是刀具快速移动，与程序中给定的进给速度无关。该功能用来在机床不装工件时检查程序中的刀具运动轨迹。操作步骤是：在自动运行期间按下机床操作面板上的空运行按键 〜，刀具按编程轨迹快速移动。

**（3）单程序段运行**

单程序段运行是在按下循环启动按钮后，刀具执行完程序中的一段即停止，如图 4-4 所示，通过单段方式一段一段地执行程序，可用于检查程序。执行单段方式的操作步骤如下。

① 按下机床操作面板上的单段程序执行开关 ⤵，程序在执行完当前段后停止。

② 按下循环启动按钮 ▯，执行下一段程序，刀具在该段程序执行完毕后停止。

### 4.1.5　装夹工件步骤

① 把平口钳装夹在工作台上。平口钳放在机床工作台上，在固定钳口上打百分表找正平口虎钳方向，使固定钳口与工作台的一个导轨的进给方向平行，即以固定钳口为基准，校正虎钳在工作台上的位置，如图 4-2 所示。用 T 形螺钉把平口钳夹紧在工作台上。

② 工件在平口虎钳上的装夹。为确保定位可靠，应确保工件的底面与平行垫铁可靠贴合。夹紧操作中应首先轻夹工件，然后以底面定位，用橡胶锤轻敲工件顶面，以确保工件底面与平行垫铁贴合，同时用百分表测上表面找平工件。最后采用适当的夹紧力夹紧工件，不可过小，也不能过大。不允许任意加长虎钳手柄。

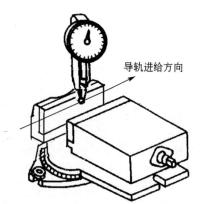

导轨进给方向

### 4.1.6　设置工件坐标系原点（分中对刀）

图 4-2　在固定钳口上打百分表找正平口虎钳

工件装夹在工作台上，确定工件坐标系原点相对机床原点的偏置值，称为对刀。把坯料的中间点设为工件坐标系原点，称为分中对刀。如没有寻边器和 Z 轴设定器，可以使用靠棒和塞尺分中对刀，其步骤如下。

① X 轴分中，设定 G54 X 原点偏移值，如图 4-3 所示。

a. 对刀靠棒装夹在主轴（Z 轴）上，首先移动靠棒到工件的右侧并相距一定距离，此时对刀棒端面高度保持在工件上表面以下 5～10mm。

b. 移动 $X$ 轴慢速使对刀棒靠近工件，同时凭手感使靠棒与工件接触。操作键盘，将此刻屏幕上的刀具绝对坐标（工件坐标系坐标值）$X$ 值清零。

c. 然后将靠棒移到工件的左侧，在同样的高度使靠棒与工件接触，同时记下此时的 $X$ 坐标值 $X_{相对}$，把此值除以 2，得到一新坐标值 $X_{相对}/2$。

d. 最后将对刀棒抬起，使 $X$ 轴移到 $X=X_{相对}/2$ 处，此点对刀靠棒在机床坐标系的坐标值(又称机械值)即为 $X$ 轴零点偏置值，将该值输入到相应的原点偏置寄存器中（如 G54 $X$ 原点偏置寄存器中）。则 $X$ 轴原点偏置操作完成，即为 $X$ 轴分中完成。

② $Y$ 轴分中，设定 G54 $Y$ 原点偏移值。

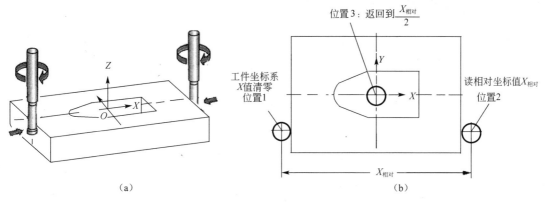

图 4-3　$X$ 轴分中对刀

③ $Z$ 轴对刀,设定 G54 $Z$ 原点偏移值，如图 4-4 所示，其操作步骤如下。

a. 把刀具装在主轴上，进入手动模式，切换屏面显示机械坐标系。

b. 在工件上放置 50mm 对刀块，在刀具端面与工件间试塞对刀块，如图 4-4 所示，调整主轴 $Z$ 向移动，使刀具端面（刀尖）与工件上表面接触，即完成 $Z$ 向对刀，记录机械坐标系中的 $Z$ 坐标值，该值减去对刀块厚度（50mm）为工件坐标系"$Z$ 轴偏移值"。注意在主轴 $Z$ 向移动时应避免对刀块在刀具端面正下方，防止刀具与对刀块碰撞。

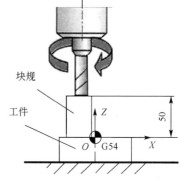

图 4-4　$Z$ 轴对刀操作

c. 把"$Z$ 轴偏移值"输入到偏置存储地址 G54 中，即设定工件坐标系上表面为 $Z$ 轴 O 点。

### 4.1.7　自动加工试切削

检查完程序，正式加工前，应进行首件试切，只有试切合格，才能说明程序正确，对刀无误。一般用单程序段运行方式进行首件试切。将工作方式选择单段方式（▣），同时将进给倍率调低，然后按循环启动 ▣ 键，系统执行单程序段运行工作方式。每加工一个程序段，机床停止进给，查看下一段程序，确认无误后再按"循环启动"键，执行下一程序段。注意刀具的加工状况，观察刀具、工件有无松动，是否有异常的噪声、振动、发热等，观察是否会发生碰撞。加工时，一只手要放在急停按钮附近，一旦出现紧急情况，随时按下按钮。

### 4.1.8 测量并修调尺寸

整个工件加工完毕后，检查工件尺寸，如有错误或超差，应分析检查编程、补偿值设定、对刀等工作环节，有针对性地调整。例如，加工完零件孔后，发现孔深均浅，应是对刀、设置刀补或设定工件坐标系的偏差，此时可将刀长度补偿值减小或将工件坐标系原点位置向 $Z$ 轴的负向移动，而不需重新对刀。通常在重新调整后，再加工一遍即可合格。首件加工完毕后，即可进行正式加工。

# 4.2  铣刀螺旋铣削加工孔

**学习要点**：编制螺旋铣削孔程序；根据工件孔找正主轴，确定工件原点偏移值；数控铣孔尺寸修调方法。

【**例 4-2**】  工件如图 4-5 所示，工件材质为 45 钢，热处理为调质处理。工件坯料外部表面已精加工完毕，孔已经半精加工到尺寸$\phi$38mm，留精铣余量 1.0mm（半径量）。用数控螺旋铣精加工$\phi$40mm 通孔到设计尺寸。

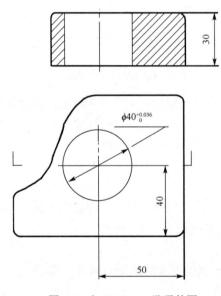

图 4-5  加工$\phi$40mm 孔零件图

### 4.2.1  工艺要点

① 工件装夹。采用螺钉、压板装夹工件。工件坯料外部表面已精加工完毕，本工序以底面为定位面，为防止铣刀刮伤工作台面，工件下面垫以垫铁，用百分表打表，使工件直边平行机床导轨。然后用螺钉、压板把工件压紧在工作台上。

② 工件坐标系原点。工件孔的设计基准是底面和两侧面，由于工件已经过粗、半精加工，孔的位置精度已经由上工序保证，本工序主要保证孔的尺寸精度与表面粗糙度。孔的精加工余量为 1.0mm，为使去除余量均匀，精加工中应该采用自为基准的原则定位，即采用加

工表面本身定位。用已粗加工后的$\phi$38mm通孔的回转中心线与工件上表面交点为工件编程原点。工件装夹后，依据$\phi$38mm通孔找正主轴位置，找正刀具主轴后，该位置机械值（机床坐标系坐标）即为编程原点偏移值。

③ 刀具选择。选择$\phi$20mm立铣刀，用弹簧夹头夹持$\phi$20mm立铣刀。

④ 确定切削用量。主轴转速$S$为2000 r/min，进给速度$F$为600mm/min。

## 4.2.2 编程说明

### （1）螺旋铣孔（镗铣孔）

螺旋铣孔要求铣刀自转，同时刀具中心做螺旋线进给运动，即铣刀刀位点以螺旋线轨迹进给，同时铣刀的自身旋转提供切削动力，铣削圆孔，如图4-6所示。用铣刀加工孔，可以减少孔加工刀具的规格和数量，且铣刀使用寿命和切削效率比镗刀高。

铣孔程序的动作，可以分解为以下几个方面。

① 快速定位到孔中心。

② 快速定位在$R$点（慢速下刀高度）。

③ 刀具螺旋线切削至孔底。

④ 为保证孔壁加工质量，最后一圈沿圆表面铣削一周，回到孔中心。

⑤ 从孔底快速退回到$R$点（或快速退回到初始平面）。

### （2）螺旋铣编程要点

① 工件加工方式及路径：以工件$\phi$40mm孔的轴线为刀具进给轨迹螺旋线的中心线。

② 不用刀具半径补偿，直接按刀具中心轨迹（立铣刀上轴线与端面交点）编程，孔的设计尺寸$\phi40^{+0.036}_{0}$ mm，其半径编程尺

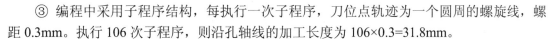

图4-6 螺旋插补铣削加工孔

寸取中值为20.018mm。刀具半径为10mm，按刀具中心轨迹编程，立铣刀螺旋线轨迹的半径为20.018−10＝10.018mm。

③ 编程中采用子程序结构，每执行一次子程序，刀位点轨迹为一个圆周的螺旋线，螺距0.3mm。执行106次子程序，则沿孔轴线的加工长度为106×0.3=31.8mm。

螺旋铣孔也可用于加工螺纹。加工螺纹时应该选用螺纹铣刀，螺旋线导程等于所加工的工件螺纹导程，用螺旋铣削法可以铣加工内、外螺纹。

## 4.2.3 加工程序

加工程序编制如下。

```
O0001;                    主程序，程序名
N10 G90 G55 G00 Z60.;     设编程坐标系，绝对坐标编程，快速至初始平面
N20 M03 S2000;            启动主轴
N30 Z2.;                  快速至R平面
N40 G01 Z0. F60;          切削进给至工件表面
N50 G01 X10. F200;        刀位点移动至螺旋线起点
N60 M98 P1060002;         调子程序O0002，执行106次
N70 G90 G01 X0. Y0.;      绝对坐标编程，至（0，0）点
```

```
N80  G00  Z60.;                   快速退到初始平面
N90  M05;                         主轴停
N100 M30;                         程序结束
O0002;                            子程序 O0002
N10  G91  G03  I-10.018  Z-0.3    增量编程，向下螺旋线插补，导程 0.3mm
F400;
N20  M99;                         子程序结束，返回主程序
```

### 4.2.4　建立工件坐标系（用工件孔找正主轴）

工件原点设在 $\phi$40mm 孔轴线与工件上表面交点处，根据孔表面找正，确定工件原点偏移值，如图 4-7 所示，其操作步骤如下。

① 在主轴上放置一百分表，按工件经粗加工后 $\phi$38mm 孔找正主轴位置，使主轴轴线与孔轴线重合。

② 保持主轴位置不动，观察界面显示的机床坐标值（$x_M$，$y_M$），此值即为 XY 面上工件原点相对机床原点的偏移值。

③ 再用 Z 向定位仪确定 Z 向原点位置，找出 Z 轴方向工件原点相对机床原点的偏移值 $z_M$。

④ 输入工件原点相对机床原点的偏移值。将偏移值（$x_M$，$y_M$，$z_M$）输入到偏移储存地址 G54 中，此点位置就是由 G54 指令确定的工件原点。程序运行到指令 G54 时，即可建立工件坐标系。

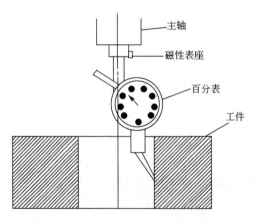

图 4-7　根据孔表面找正主轴位置

### 4.2.5　数控铣孔尺寸修调

输入加工程序，并完成对刀操作，要进行首件试切。由于工艺系统误差等原因，使用同一程序，实际加工尺寸可能有很大的偏差。此时可根据加工后零件实测尺寸对所制定的工艺以及程度进行修正和调整，直至达到零件技术要求。

例如，加工后用内径千分尺检测 $\phi$40mm 孔尺寸，如果直径尺寸偏小，修改子程序"N10 G91 G03 I-10.018 Z-0.3 F400"中的"I"指令值，可以调整工件孔径加工尺寸。

孔加工后，孔的直径小于最小极限尺寸或大于最大极限尺寸都是废品，但前者可重新加

工修复，而后者不能修复。本例加工后如果孔径大于$\phi$40.036mm，为不可修复废品，为避免出现不可修复废品，编程时"I"的指令值采用孔半径的最小极限尺寸 10 mm，当加工后孔径偏小，再逐渐调大"I"的指令值，直至达到尺寸要求。此方法可避免加工出不可修复废品。

# 4.3 偏心弧形槽加工

**学习要点**：本例学习层切编程；坐标系旋转指令的使用；在绝对尺寸的程序中插入增量编程；三爪自定心卡盘装夹工件操作事项。

【例 4-3】 平底偏心圆弧槽零件，如图 4-8 所示。工件材质为 45 钢，已经调质处理。零件圆柱部分已加工完成，现加工工件上表面两平底偏心槽，槽深 10mm。

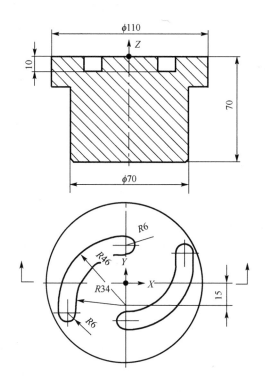

图 4-8 平底偏心圆弧槽

## 4.3.1 工艺要点

① 工件坐标系原点。两偏心槽设计基准在工件$\phi$106mm 外圆的中心，所以工件原点定在$\phi$106mm 轴线与工件上表面交点。

② 工件装夹。本工件外形为圆形，采用三爪自定心卡盘装夹工件。操作要领：

a. 把三爪卡盘夹紧在工作台上。

b. 三爪卡盘是定心夹紧装置，装夹中不需要找正工件。三爪卡盘三个卡爪是定位元件，按三卡爪中心找正刀具主轴位置，操作时，可以装夹工件外圆，按工件外圆找正刀具主轴，确定编程原点偏移量。

c. 工件外圆是其定位表面，装夹的工件不宜高出卡爪过多，以确保夹紧可靠。为避免在工件上留下夹痕，可在卡爪和工件间加紫铜垫片，也可以采用软爪。

d. 在工件下面加垫块，以确保工件的定位基准面水平。操作中应首先轻夹工件，橡胶锤轻敲工件顶面，保证工件与垫块可靠接触。然后夹紧工件，夹紧力不可过小，也不能过大。不允许任意加长扳手手柄。首件夹紧后，需打百分表检查工件上面是否水平，确保工件上表面水平。

③ 刀具选择。槽宽 12mm，铣刀尺寸与槽宽相同，即用 $\phi$12mm 高速钢键槽铣刀。

④ 切削用量。每层切深 1mm，主轴转速 $S$ 为 500r/min，进给速度 $F$ 为 60mm/min。

图 4-9 百分表测头接触三爪卡盘
基准孔找正主轴

### 4.3.2 编程说明

**（1）坐标系旋转指令应用**

由零件图（图 4-8）分析，两偏心弧形槽的位置沿工件中心旋转 90°。本加工程序采用子程序嵌套结构，调用子程序 O0020 加工一个偏心槽，然后用坐标系旋转指令，使坐标系旋转 90°，调用子程序（O0020）再加工另一个偏心槽。

**（2）层切编程**

弧形槽编程主要数据点为（0，25）；（−3.686，−20）。工件深度尺寸采用分层切削称为层切，子程序 O0030 中弧形槽采用层切加工，每层刀具下切 1mm，执行一次子程序，往复切削一次，下切 2 层，计 2mm，所以执行 5 次子程序就可下切 10mm，达到槽深尺寸。

**（3）在绝对尺寸（G90）编程的程序中插入增量编程（G91）**

水平面走刀采用绝对尺寸编程，以保证圆弧槽的形状尺寸。本程序的巧妙之处是 $Z$ 轴下切走刀采用增量编程，使每次下切是在原来深度基础上再深入 1mm，保证每次刀具下切 1mm。

### 4.3.3 设定工件坐标系（找正三爪卡盘）

根据三爪卡盘找正主轴，设定编程原点。三爪卡盘是自定心夹紧夹具，在批量生产时把卡盘装夹在工作台上，根据卡盘位置确定编程原点偏置。卡盘对圆柱形工件夹紧即定位，不需要再找正工件。卡盘装夹在工作台上，根据卡盘找正主轴的操作如下。

① 找正方法如图 4-9 所示。找正时将百分表固定在主轴刀杆上，使百分表测头接触三爪卡盘基准孔，转动数控回转工作台，使得百分表示值摆动最小，并使三爪卡盘中心轴线与主轴轴线同轴，此刻主轴位置就是工件原点相对机床原点的偏移，记下此时机床坐标系中的 $X_0$、$Y_0$ 坐标值，即为所找工件原点相对机床原点的偏置量。

② 用 $Z$ 向定位仪确定 $Z$ 向原点位置，测出 $Z$ 向工件原点的偏置量。

③ 把 $X$、$Y$、$Z$ 偏移值存入 G54～G59。

④ 为检验找正精度，三爪卡盘夹紧零件后，用 MDI 方式，在 G54 坐标系中使主轴移动到 $X$=0、$Y$=0 处，然后将百分表测头接触在零件外圆，转动主轴，观察百分表示值是否超规定值，如不超差，则用三爪卡盘的基准孔设定工件原点偏置合格。

## 4.3.4 加工程序

加工程序编制如下。

```
O0010;                                  主程序,程序名O0010
N10 G54 G90 G17 G00 Z60.M03 S500;       设定工件坐标系,快速到初始平面,启动主轴
N20 M98 P0020;                          调子程序O0020,执行一次
N30 G90 G68 X0.Y0.R180.;                坐标系旋转,旋转中心(0,0),角度位移(180°)
N40 M98 P0020;                          调子程序O0020,执行一次
N50 G69 G00 X0 Y0 Z60.;                 取消坐标系旋转,快速回到起始点
N60 M05;                                主轴停
N70 M30;                                程序结束
O0020;                                  子程序O0020(铣一个偏心槽)
N10 G90 G00 X0.Y25.;                    在初始平面上快速定位于(0,25)
N20 Z2.;                                快速下刀,到慢速下刀高度
N30 G01 Z0.F60;                         切削到工件上表面
N40 M98 P50030;                         调子程序O0030,执行5次(总计切深10mm)
N50 G90 Z60.;                           退到初始平面
N60 X0.Y0.;                             回到起始点
N70 M99;                                子程序结束,返回到主程序
O0030;                                  子程序O0030
N10 G91 G01 Z-1.0.F30.0;                增量值编程,切深工件1mm
N20 G90 G03 X-39.686 Y-20.R40.          绝对值编程,逆圆插补切削R40mm圆弧
F60.0;
N30 G91 G01 Z-1.0.F30.0;                增量值编程,切深工件1mm
N40 G90 G02 X0.Y25.R40.F60.0;           绝对值编程,顺圆插补切削R40mm圆弧
N50 M99;                                子程序结束,返回
```

# 4.4  矩形腔数控铣削（环切法加工）

**学习要点**：学习粗铣方腔深度方向铣削用层切法，每层平面铣削用环切法；精铣腔内壁刀具切入、切出路线。

【例 4-4】 已知某内轮廓型腔如图 4-10 所示，要求对该型腔进行粗、精加工。材料为 45 钢，工件坯料已经加工规方，尺寸 100mm×80mm×32mm。

## 4.4.1  工艺要点

① 刀具选择：粗加工采用 $\phi$20mm 的立铣刀，精加工采用 $\phi$10mm 的键槽铣刀。

② 安全面高度：100mm。

③ 编程原点：编程原点设在工件下表面、中心线上，如图 4-11 所示。

④ 下刀/退刀方式：粗加工从中心工艺孔垂直下刀，向周边扩展，如图 4-11（b）所示。首先要求在腔槽中心钻大于 $\phi$20mm 工艺孔。

⑤ 装夹工件：采用平口虎钳装夹工件。

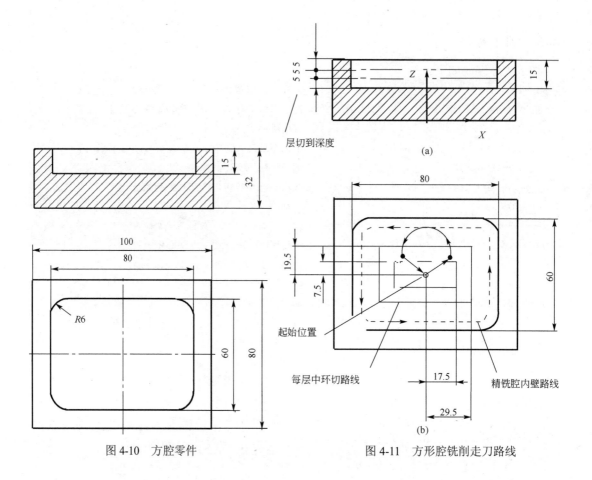

图 4-10  方腔零件

图 4-11  方形腔铣削走刀路线

## 4.4.2  编程说明

① 走刀路线。方形槽粗加工深度方向采用层切法，分 3 层切削加工，如图 4-12（a）所示。每层中的加工采用环切法，如图 4-12（b）所示。方腔内侧面留 0.5mm 的精加工余量。

② 层切编程技巧。在子程序 O0100 中，程序段 "G91 G01 Z–5.0 F20.0" 采用增量编程。这样每运行一次子程序，层切深度 5.0mm，即工件槽的深度增加 5.0mm，运行 3 次该子程序后，槽的深度加工到–15.0mm，达到槽的设计深度要求。

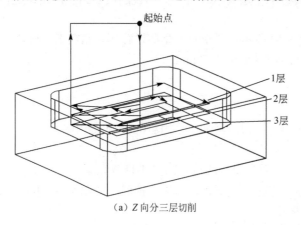

（a）Z 向分三层切削

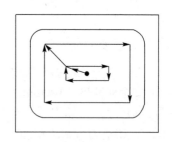

（b）俯视（水平面）环切法走刀路线

图 4-12  粗铣走刀路线

跟我学 FANUC 数控系统手工编程

③ 精铣方腔内壁进、退刀路线。沿加工表面切向进刀和退刀，可避免在工件表面产生进、退刀的刀痕，所以精铣内壁刀具切入、切出采用了 1/4 圆弧路线，如图 4-13 所示。

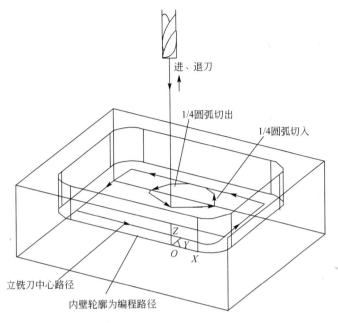

图 4-13　精铣方形腔内壁走刀路线

## 4.4.3　加工程序（加工中心程序）

加工程序（不包括钻工艺孔）编制如下。

| 程序 | 说明 |
|---|---|
| O1025; | 第 1025 号程序，铣削型腔 |
| N10 T01 M06; | 选 01 号刀具（φ20mm 立铣刀） |
| N20 G54 G90 G00 X0 Y0 S500 M03;; | 建立工件坐标系，启动主轴 |
| N30 G43 Z100.0 H01; | 刀具到安全面高度，刀具长度补偿 |
| N40 Z34.0 F20.0 M08; | 从快速垂直下刀，至 R 点高度，开冷却液 |
| N50 G01 Z32.0 F50.0 | 慢速下刀至工件上表面 |
| N60 M98 P30100; | 调用子程序 O0100，执行 3 次，切削 3 层，粗加工 |
| N100 G00 Z100.0; | 抬刀至安全面高度 |
| N105 G49 X0 Y0 Z100.0; | 取消刀具长度补偿 |
| N110 G28 Z100.0 | 回参考点 |
| N120 T02 M06; | 换 02 号刀具（φ10mm 立铣刀），进入精铣内壁加工 |
| N130 G43 X0 Y0 Z100.0 H02 S500 M03; | 刀具到安全面高度，刀具长度补偿，启动主轴 |
| N140 M08; | 开冷却液 |
| N150 Z20.0; | 从中心垂直下刀至 R 面高度 |
| N160 G01 Z17.0 F100.0; | 慢速下刀至底面 |
| N160 G01 X20.0 Y10.0; | |
| N170 G03 X0 Y25.0 R20.0 F30.0; | 沿 1/4 圆弧轨迹切入（半径 R20mm） |
| N320 G01 X-34.0; | 精铣型腔的周边 |

```
N340 G03 X-35.0 Y24.0 I0 J-1.0;          刀具中心轨迹圆弧半径为1.0（铣圆角）
N350 G01 Y-24.0;                          铣左侧面（图4-11）
N360 G03 X-34.0 Y-25.0 I1.0 J0;          （铣圆角）
N370 G01 X34.0;                           铣下面（图4-11）
N380 G03 X35.0 Y-24.0 I0 J1.0;           （铣圆角）
N390 G01 Y24.0;                           铣右侧面（图4-11）
N400 G03 X34.0 Y25.0 I-1.0 J0;           （铣圆角）
N410 G01 X0;                              精加工结束（图4-11）
N420 G03 X-20.0 Y10.0 R20.0              沿1/4圆弧轨迹切出（半径R20mm），退刀
N430 G00 Z100.0;                          抬刀至安全高度
N440 G49 X0 Y0 Z100.0;                    取消刀具长度补偿
N440 M30;                                 程序结束并返回
O0100;                                    子程序
G91 G01 Z-5.0 F20.0;                      增量编程，直线（啄钻）下切5mm
G90 G01 X-17.5 Y7.5 F60.0;                进刀至第一圈扩槽的起点，并开始扩槽
Y-7.5;
X17.5;
Y7.5;
X-17.5;                                   第一圈扩槽加工结束
X-29.5 Y19.5;                             进刀至第二圈扩槽的起点，并开始扩槽
Y-19.5;
X29.5;
Y19.5;
X-29.5;                                   第二圈扩槽加工结束
X0 Y0;                                    回中心，一层粗加工结束
M99;                                      子程序结束
```

# 4.5 型面（斜面及弧面）的数控铣精加工

**学习要点**：行切法加工编程。

**【例4-5】** 零件图如图4-14所示，坯料平面已加工完成，型面已粗加工，在数控铣床上精加工工件上表面两斜面及一圆弧面（型面余量0.3mm）。工件材质为1Cr18Ni9T。

## 4.5.1 工艺要点

① 工件坐标系原点。本工序所加工型面的设计基准是工件上表面角点，该点位置设为编程坐标系零点。按右手系的规定，确定编程坐标系，如图4-15所示。

② 工件装夹。采用平口虎钳装夹工件。工件的底面和侧面已磨削，故以底面和侧面为定位面。平口虎钳的固定钳口是夹具的定位表面，把工件长边侧面靠实精密虎钳固定钳口，工件底面垫等高垫铁。

112

跟我学FANUC数控系统手工编程

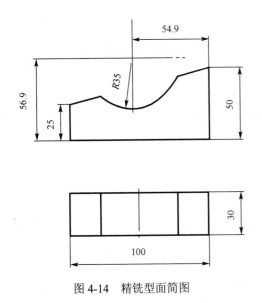

图 4-14 精铣型面简图

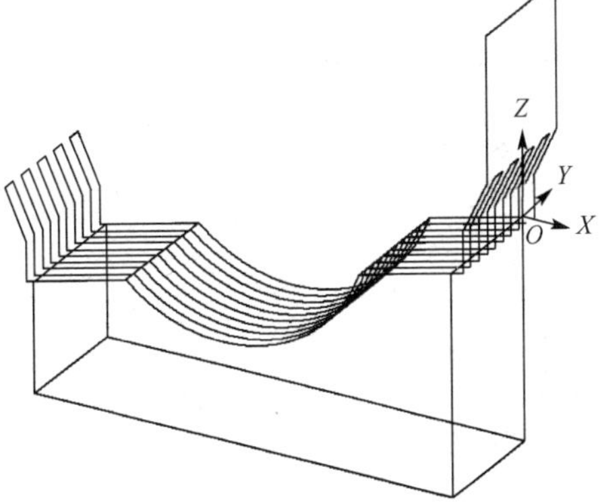

图 4-15 工件坐标系和走刀轨迹

③ 刀具选择。采用选择整体硬质合金 $\phi16mm$ 球头立铣刀，如图 4-16 所示。确定切削用量：$S$ 为 3000r/min，$F$ 为 1000mm/min。

## 4.5.2 编程说明

① 走刀路线及图形要素的数学处理。通过数学计算确定走刀路线的基点位置，也可以借助 CAD 图形软件，通过软件查询功能确定刀位数据。作 CAD 图时将斜面沿走向两端延伸一定长度，以保证斜面能完全被切削到。走刀轨迹如图 4-15 所示。确定刀位数据：（10，0.，2.5）；（−22.135，0，−5.534）；（−77.862，0，−19.466）；（−110.，0，−27.5）。

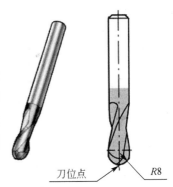

图 4-16 $\phi16mm$ 球头立铣刀

② 用斜线和圆弧组合成"母线"。加工直线为母线展开的曲面，走刀路线可以采用平行轨迹，即行切法加工。本例在 $XZ$ 面内，编制具有斜线和圆弧路线的子程序，作为一行的走刀轨迹，相当于一根"母线"。由这一母线沿 $Y$ 轴排列，可形成工件的型面，如图 4-15 所示。

③ 采用行切法加工工件的斜面及弧面。子程序执行一次可加工型面中的一行，在 $Y$ 轴方向上，等距调用子程序，从而产生等距的多行路线，近似等于由母线平移产生的表面，这就是行切法加工表面的基本原理。子程序中用增量编程，使每完成切削 1 行路径，下一行路径开始位置沿 $Y$ 向增加−0.3mm，实现行间距为 0.3mm，调用 1 次子程序完成往复切削 2 行，调用 51 次子程序，切削了 102 行。切削宽度为 102×0.3=30.6mm，满足零件切削表面 30mm 宽的尺寸要求。

## 4.5.3 加工程序

加工程序编制如下。

```
O0001;                                  主程序：程序号
N10 G90 G54 G00 X0. Y0. Z60.0;          设定编程坐标系，绝对值编程，快速到初始平面
N20 M03 S3000;                          启动主轴正转，3000r/min
N30 X10.0 Y0.3. Z20.0;                  快速到下刀点
N40 M98 P510002;                        调子程序O0002，执行51次（行切102行）
N50 G90 G00 Z60.0;                      绝对值编程，快速到初始平面
N60 X0. Y0.;                            快速到程序起始点
N70 M05;                                主轴停
N80 M30;                                程序结束
O0002;                                  子程序（沿X向往复切削2行）
N10 G17 G91 G00 Y-0.3;                  增量值编程，沿Y轴移动-0.3mm（行距）
N20 G90 G18 G41 D01 G01 Z12.            选ZX面，建立刀具半径左补偿
F2000;
N30 Z2.5 F200;                          接近工件表面
N40 X-22.135 Z-5.534 F1000;             直线切削
N50 G03 X-77.862 Z-19.466 R35.;         逆圆进给切削（R35mm弧面）
N60 G01 X-110.0 Z-27.5;                 直线切削
N70 Z-18.0;                             切出（完成沿-X向切削1行）
N80 G40 G00 Z-10.0;                     取消半径补偿
N90 M98 P0003;                          调子程序O0003（沿X向切削1行）
N100 M99;                               子程序结束，返主程序

O0003;                                  子程序（沿X向切削1行）
N10 G17 G91 G00 Y-0.3;                  增量值编程，起刀点沿Y轴移动-0.3mm（行距）
N20 G90 G18 G42 D01 G01 Z-18.           选ZX面，建立刀具半径右补偿
F2000;
N30 Z-27.05 F200;                       接近工件表面
N40 X--77.862 Z-19.466 F1000;           直线切削
N50 G02 X-22.135 Z-5.534 R35.0;         顺圆进给切削（R35mm弧面）
N60 G01 X10.0 Z2.5;                     直线切削
N70 Z12.0;                              切出
N80 G40 G00 Z20.0;                      取消半径补偿
N90 M99;                                子程序结束，返回
```

### 4.5.4  数控加工操作技巧

用同一个程序实现多次层切。如果需粗、精两次层切铣削。通过设置不同的工件原点偏置量实现。粗铣时经过手动操作调整 Z 轴原点偏置量，将加工坐标系 Z 轴原点偏置量上移（Z 轴正向）精加工余量。运行程序，粗加工工件后，在将 Z 轴原点偏移量下移（Z 轴负向）精加工余量，再次运行程序，即可以完成全部加工。

**想一想**：加工后如果曲面的高度尺寸偏大，可改变 G54 原点偏置存储器中偏移 Z 重新加工，即可修正加工尺寸，偏移值 Z 值应该沿正向还是沿负向调整？

# 4.6  典型零件数控加工（弹簧靠模）

**学习要点：**四轴数控加工；铣削螺旋槽，列表曲线的编程与加工方法，一夹一顶装夹工件的操作。

**【例 4-6】** 制造弹簧使用的夹具——靠模，如图 4-17 所示，由靠模螺旋槽顶点构成的螺旋线是列表曲线，其设计数据如表 4-1 所示。工件坯料外圆已经过车削，直径达到设计尺寸要求，现要求数控加工螺旋圆弧沟槽，保证表 4-1 中的设计尺寸。

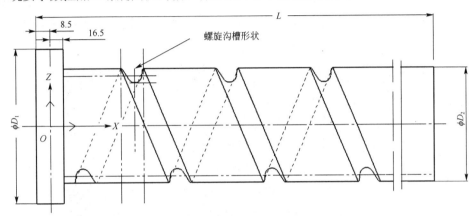

图 4-17  汽车弹簧靠模

表 4-1  弹簧靠模槽的设计数据表

| 沟槽转角/(°) | 累积圈数 | 槽中心高(X)/mm | 槽底半径 (Z)/mm | 节距/(°) |
| --- | --- | --- | --- | --- |
| 0 | 0 | 0 | 76.0 | 0 |
| 180 | 0.5 | 0 | 76.0 | 0 |
| 225 | 0.63 | 0 | 76.0 | 0 |
| 245 | 0.68 | 0 | 73 | 0 |
| 281 | 0.78 | 4 | 66.5 | 40 |
| 360 | 1 | 19.6 | 55.6 | 71.1 |
| 405 | 1.13 | 28.5 | 50 | 71.2 |
| 540 | 1.5 | 55.1 | 50 | 70.9 |
| 720 | 2 | 90.8 | 50 | 71.4 |
| 900 | 2.5 | 126.3 | 50 | 71 |
| 1080 | 3 | 161.8 | 50 | 71 |
| 1260 | 3.5 | 197.4 | 50 | 71.2 |
| 1440 | 4 | 232.9 | 50 | 71 |
| 1620 | 4.5 | 268.5 | 50 | 71.2 |
| 1800 | 5 | 304 | 50 | 71 |
| 1908 | 5.3 | 325.4 | 50 | 71.3 |
| 1980 | 5.5 | 339.7 | 50 | 71.5 |
| 2088 | 5.8 | 361 | 50 | 71 |
| 2133 | 5.93 | 366.8 | 50 | 46.4 |
| 2146 | 5.96 | 366.8 | 50 | 0 |
| 2160 | 6 | 366.8 | 50.78 | 0 |
| 2268 | 6.3 | 366.8 | 50.78 | 0 |
| 2326 | 6.46 | 366.8 | 60 | 0 |
| 2376 | | 366.8 | 66.5 | 0 |

### 4.6.1　工艺说明

**（1）选择数控加工用机床**

本工序加工表面是螺旋沟槽，加工螺旋沟槽的设备可以选用数控车床，也可以用数控铣床或加工中心。本例现场加工采用了 4 轴数控加工中心铣削螺旋沟槽，加工中心的第 4 轴是一个独立的旋转工作台，即旋转轴 $A$。

程序中选定圆弧槽的设计基准为编程原点，即图 4-17 上所示的 $O$ 点。

**（2）工件装夹方式**

机床第 4 轴是回转工作台的旋转轴线，安装回转工作台时，需保证旋转工作台旋转轴线与机床 $X$ 轴平行。在机床上安装尾座时，尾座顶尖应与回转工作台（$A$ 轴）旋转轴线等高，并同轴，如图 4-18 所示。

图 4-18　安装数控回转工作台与尾座

采用一夹一顶方式装夹工件。工件一端采用专用夹具固定，夹具安装在旋转工作台上。工件另一端钻有中心孔，用尾座上的顶尖顶住工件，加工时工件随机床 $A$ 轴旋转，如图 4-19 所示。

图 4-19　装夹工件

**（3）端面夹具**

为把工件装夹在回转工作台上，设计了专用端面夹具，如图 4-20 所示。夹具上外圆面$\phi D_3$和端面 $P$ 是工件定位面。

**（4）刀具选择**

加工螺旋沟槽用两把刀具完成，一把用于粗加工，选择球头铣刀；另一把用于精加工，是根据工件沟槽的形状设计的专用成形铣刀，成形铣刀如图 4-21 所示。

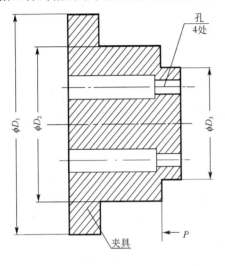

图 4-20　专用夹具

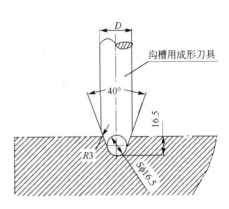

图 4-21　铣削沟槽专用成形刀具

## 4.6.2　加工靠模的数控工艺文件

① 工件数控加工工序单，如图 4-22 所示。

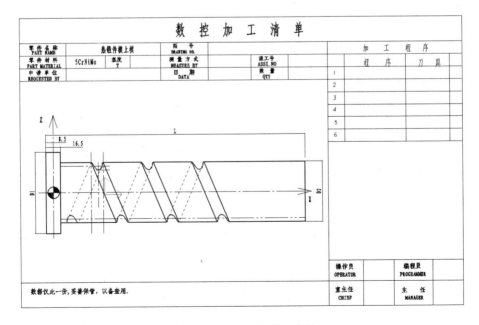

图 4-22　汽车前簧靠模工序单

第 4 章　数控镗铣加工编程与工艺实例

② 工件螺旋槽加工使用刀具，如表 4-2 所示。

表 4-2 加工靠模用刀具卡片

| 产品名称及代号 | | 汽车前簧靠模 | 零件名称 | | 零件图号 | |
| --- | --- | --- | --- | --- | --- | --- |
| 序号 | 刀具编号 | 刀具规格/名称 | 数量 | 加工内容 | 刀具半径/mm | 刀具材料 |
| 1 | T01 | $\phi$16 mm 球头铣刀 | 1 | 粗铣沟槽 | 8 | HSS |
| 2 | T02 | 成型铣刀 | 1 | 精铣沟槽 | | HSS |

## 4.6.3 数控加工程序

加工程序编制如下。

| | |
| --- | --- |
| O0200; | 主程序编号 |
| N2 G0 G90 G54 X0. Y0. Z150. F100; | 设置 G54 坐标原点 |
| N3 T01 M06; | 调用 T01 号刀具 |
| N4 T02; | 准备 T02 号刀具 |
| N5 S46 M03; | 设置主轴转速 |
| N6 G43 Z100. H01; | 在安全平面上，为 T01 刀具增加长度补偿 |
| N7 M98 P0050; | 调用 O0050 沟槽加工子程序，进行粗加工 |
| N8 G0 X0. Y0.; | 快速定位到 "X0. Y0". |
| N9 T02 M06; | 换取 T02 刀具 |
| N10 S60 M03; | 设置主轴转速 |
| N11 G43 Z100. H02; | 在安全平面上，为 T02 刀具增加长度补偿 |
| N12 M98 O0002; | 调用 O0002 沟槽加工子程序，进行精加工 |
| N13 M30; | 主程序结束 |
| N1 O0050; | 加工沟槽子程序 |
| N2 G01 A0.; | A 轴初始位置为 0° |
| N3 G01 Z72.5; | 沟槽在 0°起始位置半径为 72.5 mm |
| N4 G01 X0. Z76.0 A-180.; | 沟槽为顺时针螺旋，旋转轴逆时针旋转 |
| N5 G01 X0. Z76.0 A-225.; | 在 0°~225°范围，半径为 72.5 mm |
| N6 G01 X0. Z73 A-245.; | 在 225°~245°范围，半径从 72.5 mm 变化到 70.0 mm |
| N7 G01 X4. Z66.5 A-281.; | |
| N8 G01 X19.6 Z55.6 A-360.; | |
| N9 G01 X28.5 Z50. A-405.; | |
| N10 G01 X55.1 Z50. A-540.; | |
| N11 G01 X90.8 Z50. A-720.; | |
| N12 G01 X126.3 Z50. A-900.; | |
| N13 G01 X161.8 Z50. A-1080.; | |
| N14 G01 X197.4 Z50. A-1260.; | |
| N15 G01 X232.9 Z50. A-1440.; | |
| N16 G01 X268.5 Z50. A-1620.; | |
| N17 G01 X304. Z50. A-1800.; | |
| N18 G01 X325.4 Z50. A-1908.; | |
| N19 G01 X339.7 Z50. A-1980.; | |
| N20 G01 X361. Z50. A-2088.; | |
| N21 G01 X366.8 Z50. A-2133.; | |

```
N22 G01 X366.8 Z50.A-2146.;
N23 G01 X366.8 Z50.78
A-2160.;
N24 G01 X366.8 Z50.78
A-2268.;
N25 G01 X366.8 Z60.A-2326.;
N26 G01 X366.8 Z66.5.
A-2376.;
N27 G0 Z150.;            快速抬刀
N28 M99;                 子程序返回
```

### 4.6.4　数控加工操作要点

**（1）刀具预调和参数设定**

使用对刀仪在机外对刀具直径、长度或者在机床上使用专门的高度对刀块进行预调，并将刀具预调结果记录下来，待用。

**（2）安装分配刀号**

将加工程序中使用的 2 把刀具按照数控加工顺序安装到刀库中，然后通过加工中心机床操作面板，将刀具的相关参数输入到数控系统中。

**（3）工件装夹定位**

① 工件坯料。工件经过前工序加工后，本工序工件坯料如图 4-23 所示。

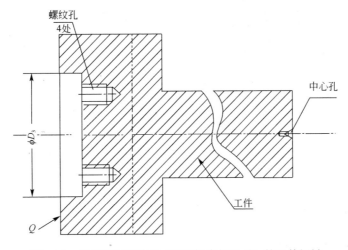

图 4-23　数控铣削螺旋前（普通机床加工后）的工件坯料

② 夹具安装。夹具（图 4-20）上的 $\phi D_3$ 外圆面和端面 $P$ 是工件定位面，把夹具安装到回转工作台上，需依照外圆面 $\phi D_3$ 找正夹具位置，用百分表打 $\phi D_3$ 外圆面，转动回转工作台，同时调整夹具位置，使表的跳动最小，即令 $\phi D_3$ 的几何轴线与工作台旋转轴线同轴。然后把夹具夹紧在回转工作台上。

③ 工件装夹。初步定位工件，工件左端 $\phi D_3$ 圆孔和端面 $Q$ 是工件定位面。将工件左端靠在夹具定位面上，夹紧工件，如图 4-24 所示。

尾座套筒伸出，顶尖顶住工件中心孔，初步定位工件。

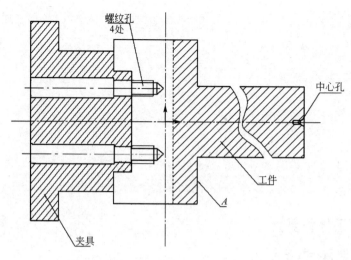

图 4-24  夹具和工件装配图

精确定位工件。在机床上安装百分表找正工件，旋转工作台，在工件外圆上打表，观察表针的摆动方向。顺时针走表时说明此点处高，工件应向相反方向移动；逆时针走表时与顺时针走表相反，调整方法相似，工件向相反方向移动。

找正工件后，压紧工件，在工件 A 处找到零点，设定工件编程原点偏移量。

**（4）装入程序与试运行**

使用专门的程序传输软件或者借助 CAD/CAM 软件本身的传输功能，例如 V.24、Procomm 或 MasterCAM 的传输功能，通过操作面板在编辑(EDIT)方式下将程序输入到控制系统中。

对程序的格式、书写等进行简单的校验，然后对程序进行试运行，目的是为了检查程序的正确性，防止出现过切等。

**（5）程序规范固化**

对加工程序进行试运行检查后，应保存加工程序，进行程序锁定，以提高后续工件的加工效率。

**（6）自动加工**

待所有的准备工作做完后，就可以直接加工工件。加工完毕后，需要对工件进行测量检验。如没有达到图样要求的尺寸，对工件在可修复的情况下重新加工，直至符合图样的技术要求。

## 4.6.5  数控加工经验与技巧

① 对于槽类加工，要安排好刀具的切出与切入，要尽量避免交接处的重复加工，否则会出现明显的界限痕迹。

② 对于深槽的加工，要注意刀具的选择和切削用量的选择。

③ 铣刀材料和几何参数是根据零件材料切削加工性、工件表面几何形状和尺寸大小来选择，切削用量是根据工件材料的特点、刀具性能及加工精度要求来确定的。在进行槽加工时，为了提高切削效率，通常采用大直径数控铣刀去除余量，侧吃刀量一般取刀具直径的 1/2 或 1/3。

# 第5章

# FANUC 系统数控车床加工程序编制

## 5.1 数控车床编程基础

FANUC T 系统是用于车床的数控系统，数控车加工程序段格式和数控铣削相同，常用的辅助功能 M 代码与铣削基本相同。读者可参阅本书第 1 章。

### 5.1.1 车削程序 G 功能代码

FANUC T 系统 G 代码如表 5-1 所示。

表 5-1 FANUC T 系统 G 功能及程序段格式（数控车床用）

| 分组 | 代码 | 程序段格式及功能 |
|------|------|------------------|
| 01 | *G00 | 快速定位：G00 X(U)__ Z(W) __; |
| | G01 | 直线插补：G01 X(U) __ Z(W) __ ; |
| | G02 | 顺圆插补 G02 $\left\{ \begin{matrix} G02 \\ G03 \end{matrix} \right\}$ X(U) __ Z(W) __ $\left\{ \begin{matrix} I\_K\_ \\ R\_ \end{matrix} \right\}$ F__; |
| | G03 | 逆圆插补 G03 |
| 00 | G04 | 进给暂停 G04：　G04 X(P) __;　其中 X 或 P 的指令值是暂停时间<br>例如，G04 X1.5 或 G04 P1500 ——进给暂停 1.5s |
| | G10 | 改变刀具形状偏移值：　G10 P__ Z__ R__ Q__;　　　　　P=1000+几何形状偏移号<br>改变刀具磨损偏移值：　G10 P__ X__ Z__ R__ Q__;　　P=磨损偏移号 |
| 06 | G20 | 英制输入 |
| | *G21 | 米制输入 |
| 00 | G27 | 返回参考点检查 |

| 分组 | 代码 | 程序段格式及功能 |
|---|---|---|
| 00 | G28 | 返回参考点 |
| | G30 | 返回第二参考点 |
| 01 | G32 | 螺纹切削：G32 X(U)__ Z(W)__ F__；　　　F 为螺纹导程 |
| 07 | *G40 | 取消刀尖半径补偿 |
| | G41 | 刀尖半径左补偿 |
| | G42 | 刀尖半径右补偿 |
| 00 | G50 | 设定工件坐标系：G50 X__ Z__； |
| | | 设定主轴最大转速：G50 S__； |
| 00 | G53 | 机床坐标系选择 |
| 14 | G54 | 选择工件坐标系 1 |
| | G55 | 选择工件坐标系 2 |
| | G56 | 选择工件坐标系 3 |
| | G57 | 选择工件坐标系 4 |
| | G58 | 选择工件坐标系 5 |
| | G59 | 选择工件坐标系 6 |
| 00 | G70 | 精车循环：G70 P__ Q__； |
| | G71 | 粗车循环：G71 U__ R__ ；<br>G71 P__ Q__ U__ W__ F__ S__ T__ ； |
| | G72 | 端面循环：G72 W__ R__； <br>G72 P__ Q__ U__ W__ F__ S__ T__； |
| | G73 | 仿形车循环：G73 U__ W__ R__ ；<br>G73 P__ Q__ U__ W__ F__ S__ T__ ； |
| | G76 | 螺纹切削复合循环：G76 P__ __ __ Q__ R__；<br>G76 X(U)__ Z(W)__ R__ P__ Q__ F__； |
| 01 | G90 | 外径或内径切削固定循环：G90 X__ Z__ R__ F__； |
| | G92 | 螺纹切削固定循环：G92 X__ Z__ F__ ； |
| | G94 | 端面切削固定循环：G94 X__ Z__ F__； |
| 02 | G96 | 恒转速控制 (m/min)：　　G96 S__； |
| | *G97 | 取消恒转速：　　　G97； |
| 05 | G98 | 每分进给 (mm/min)：G98…F__ |
| | *G99 | 每转进给 (mm/r)：G99…F__ |

注：1. 本表中 00 组为非模态码，其余组为模态码。

2. 标有*的 G 代码为系统通电后默认状态。

3. 表中绝对坐标编程时地址码为 X 和 Z；增量编程时地址码为 U 和 W。

## 5.1.2　数控车床的机床坐标系

### （1）数控车床

普通数控车床用于加工轴、套类等回转体零件，如图 5-1(a)所示，它可控制两个坐标轴，即 $X$ 轴和 $Z$ 轴，如图 5-1(b)所示。

数控车床刀架布置有两种形式：前置刀架和后置刀架。前置刀架如图 5-1 所示，刀架位于 $Z$ 轴的前面，与传统卧式车床刀架的布置形式一样，刀架导轨为水平导轨，装备四工位电动刀架；后置刀架如图 5-2 所示，刀架位于 $Z$ 轴的后面，刀架的导轨位置与正平面倾斜。该结构形式便于观察刀具的切削过程，切屑容易排除，后置空间大，装备多工位回转刀架，全功能的数控车床刀架布局都采用后置刀架。

(a) 数控车床

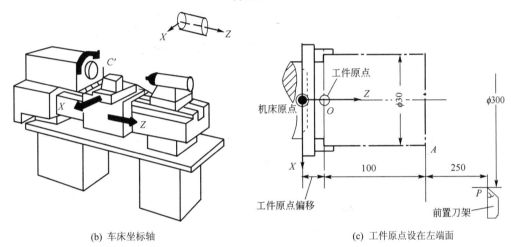

(b) 车床坐标轴

(c) 工件原点设在左端面

图 5-1　数控车床机床坐标系与工件坐标系（前置刀架）

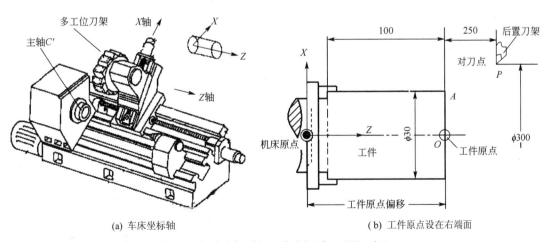

(a) 车床坐标轴

(b) 工件原点设在右端面

图 5-2　机床坐标系与工件坐标系（后置刀架）

## （2）数控车削中心

车削加工中心如图 5-3 所示，具有对主轴旋转的控制，即 C 轴功能，由于 C 轴是工件回转，所以 $C$ 轴的标注符号为 $C'$，可控制 $X$、$Z$、$C'$ 三个坐标轴，如图 5-2(a)所示。车削中心采用回转刀刀架，刀具容量大。刀架上可配置铣削动力头，使数控车削中心的加工功能大大增强，除车削外，还可以进行径向和轴向铣削、曲面铣削，以及中心线不在零件回转中心的孔和径向孔的钻削等。

图 5-3　数控车削中心

### （3）机床坐标系原点

车床的机床坐标系原点一般设在主轴前端面与其旋转中心线的交点处，如图 5-1(c)、图 5-2(b)所示。

### （4）机床参考点

机床参考点是机床上的一个固定点，通常设在 $X$ 轴、$Z$ 轴的正向极限位置，参考点也称机床零点。机床开机后，首先进行"回参考点"或"回零"操作。通过回参考点操作在数控系统中建立起机床坐标系。

在以下三种情况下，数控系统会失去对机床参考点的记忆，必须进行返回机床参考点的操作。

① 机床超程报警信号解除后。
② 机床关机以后重新接通电源开关时。
③ 机床解除急停状态后。

## 5.1.3　工件坐标系

数控程序是根据工件图样编制的，程序中的坐标值均以工件坐标系为依据，工件坐标系原点也称为程序原点。为编程方便，工件原点一般都设在工件轴线与左端面的交点[图 5-1（c）]或轴线与右端面的交点[图 5-2(b)]。

## 5.1.4　工件坐标系与机床坐标系的关系

### （1）工件原点偏移

工件装夹在机床上，工件坐标系原点（程序原点）相对机床坐标系零点的距离（有正、负符号）称为工件原点偏移。如图 5-1(c)、图 5-2（b）所示，图中标出了工件（程序）原点偏移。

**（2）设定工件坐标系**

数控系统上电后自动运行机床坐标系，为使数控程序按照工件坐标系运行，需要在程序中设定工件坐标系，常用的两种设定工件坐标系的方法如下。

① 用指令 G54～G59，可以设置六个工件坐标系。

② 用 G50 指令设定工件坐标系。

### 5.1.5 用 G54～G59 设定工件坐标系

**（1）程序原点偏移数据存储地址 G54～G59**

数控系统中有程序原点偏移存储地址 G54～G59，如图 5-4 所示，画面中的"番号"即存储地址，画面中的"数据"即程序原点偏移数据。G54～G59 总计六组地址，可存储六个工件坐标系。

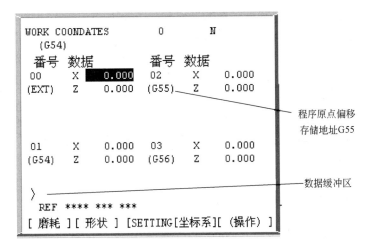

图 5-4　车床工件坐标系设定屏幕（程序原点偏移存储地址）

**（2）设定工件坐标系指令 G54～G59**

存储了原点偏移数据后，在程序中用指令 G54～G59 设定当前工作的工件坐标系，操作步骤如下。

① 装夹工件须使工件坐标轴与机床导轨（机床坐标轴）方向一致。

② 对刀、测量出程序原点偏移数据，并把偏移数据输入地址 G54～G59。

③ 程序中给出设定工件坐标系指令 G54～G59，则系统运行由相应偏移值设定的工件坐标系。

### 5.1.6 用 G50 设定工件坐标系

G50 是刀具相对程序原点的偏置指令，该指令通过指定刀具相对于程序原点的位置建立工件坐标系，用 G50 建立的坐标系在重新启动机床后消失。

用 G50 建立工件坐标系需要用单独一个程序段，此程序段格式为：

G50 X__ Z__；

该程序段中 X__ Z__是刀具在所设定的工件坐标系中的坐标值，即刀具相对工件坐标系程序原点的偏移值。运行 G50 指令程序段并不使刀具运动，只是改变显示屏幕中刀具位置的工件坐标系绝对坐标值，从而建立工件坐标系。刀具上代表刀具位置的点称为刀位点，在使用 G50 指令前，一般使刀位点处于加工始点，该加工始点称为对刀点。其操作步骤如下。

① 把工件装夹在机床上，对刀，移动刀具到对刀点。

② 运行 G50 程序，建立工件坐标系。

例如在图 5-1(c) 中，用 G50 设定工件坐标系的程序段：

G50 X300.0 Z350.0；工件坐标系原点设定在工件左端面中心处）

在图 5-2(b) 中，用 G50 设定工件坐标系的程序段：

G50 X300.0 Z250.0；（工件坐标系原点设定在工件右端面中心处）

### 5.1.7 应用 G544~G59 或 G50 设定坐标系

#### （1）G54 和 G50 设定坐标系的区别

G54~G59 是调用加工前已经设定好的坐标系，而 G50 是在程序中设定的坐标系，使用 G54~G59 就没有必要再使用 G50，否则 G54~G59 会被替换。注意：一旦使用了 G50 设定坐标系，再使用 G54~G59 将不起任何作用，除非断电重新启动系统，或接着用 G50 设定所需新的工件坐标系。

#### （2）设定工件坐标系实际应用

使用 G50 的程序结束后，若刀具没有回到原对刀点就再次启动程序，则会改变坐标原点位置，导致事故发生，所以要慎用 G50。在实际生产中基本不使用 G50 指令，而使用 G54~G59 设定工件坐标系。本书基本使用 G54~G59 指令。

### 5.1.8 直径编程与半径编程

车床 X 轴坐标值是工件回转圆的截面尺寸，所以 X 坐标有两种表示方法，即直径编程和半径编程。X 指令值是圆的直径值，称为直径编程；X 指令值是圆的半径值，称为半径编程。

例如，在图 5-5 中，在工件坐标系中 A 点和 B 点的坐标值如下。

直径编程：A（X=20.0, Z=45.0）； B（X=40.0, Z=5.0）。

半径编程：A（X=10.0, Z=45.0）； B（X=20.0, Z=5.0）。

半径编程 X 坐标值符合直角坐标系的表示方法，直径编程中 X 坐标值与回转工件直径尺寸一致，不需要尺寸换算。由于图样上都用直径表示轴类零件的径向尺寸，所以车削一般使用直径编程，本书例题都使用直径编程。

### 5.1.9 绝对坐标值与增量坐标值

表示刀具位置的坐标有两种方法，即绝对坐标和增量坐标。绝对坐标值是指相对于坐标系原点的坐标。绝对坐标值用代码 X、Z 表示。

增量坐标值也称相对坐标值，与刀具运动有关，是一个程序段中刀具从前一点运动到下一个点的位移量，即刀具位移的增量。代码 U、W 表示增量坐标，其中沿 X 轴用 U 表示增量，沿 Z 轴用 W 表示增量。

在一个程序段中绝对坐标和增量坐标可单独使用，也可以混合使用。如图 5-5 所示，刀

具从 $A$ 点运动到 $B$ 点，表示 $B$ 点的坐标形式有以下几种。

① $B$ 点绝对坐标：$B$（X40.0，Z5.0）。

② $B$ 点增量坐标：$B$（U20.0，W−40.0）。

③ $B$ 点 $X$ 轴用绝对坐标，$Z$ 轴用增量坐标的混合使用：$B$（X40.0，W−40.0）。

以上三种表示方法效果等同。

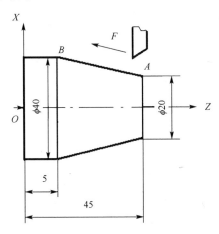

图 5-5　绝对坐标和和增量坐标

# 5.2　基本编程指令

## 5.2.1　快速进给指令（G00）

程序格式：G00 X(U)＿　Z (W)＿;

功能：G00 指令表示刀具以机床给定的快速进给速度移动到目标点，又称为快速点定位指令，用于刀具的空行程。绝对坐标编用 X、Z 表示目标点在工件坐标系中的坐标值；增量坐标编程用 U、W 表示，是刀具所在点到目标点的移动增量。

例如在图 5-1（c）中，工件原点设定在左端面中心处，刀具从 $P$ 快进到 $A$，用绝对坐标方式编程，其程序如下。

| G54; | 设定左端面中心点为程序原点 |
| G00 X30.0 Z100.0; | 刀具从 $P$ 快进到 $A$ 点 |

用增量坐标方式编程，其程序如下。

| G00 U-270.0 W-250.0; | 刀具从 $P$ 快进到 $A$ 点 |

在图 5-2（b）中，工件原点设定在右端面中心处，刀具从 $P$ 快进到 $A$ 点，用绝对坐标方式编程，其程序如下。

| G54; | 设定右端面中心点为程序原点 |
| G00 X30.0 Z0; | 刀具从 $P$ 快进到 $A$ 点 |

用增量坐标方式编程，其程序如下。

| G00 U-270.0 W-250.0; | 刀具从 $P$ 快进到 $A$ 点 |

## 5.2.2 直线插补指令（G01）

程序格式：G01 X(U)__ Z(W)__ F__;

功能：G01 指令使刀具以设定的进给速度从所在点出发，直线插补至目标点，可用于刀具沿直线的切削运动。绝对坐标编程采用 X、Z 表示目标点在工件坐标系中的位置。增量坐标编程采用 U、W 表示目标点相对起点的移动增量，其中由代码 F 给定沿直线运动的进给速度。

【例5-1】 零件图如图 5-6 所示，其各表面已完成粗加工，试分别用绝对坐标方式和增量坐标方式编写精车外圆的程序段。走刀路线：$P \to A \to B \to C \to D \to E \to P$。

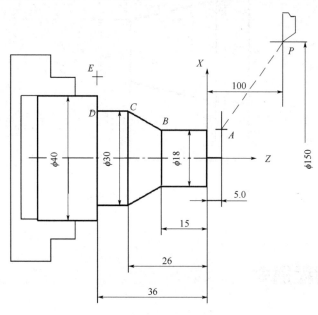

图 5-6　G00、G01 指令练习

**解：**切削直线轮廓编程。

① 绝对坐标编程如下。

| | |
|---|---|
| G54 G00 X150.0 Z100.0; | 设定坐标系，快速定位到 P |
| G00 X18.0 Z5.0; | 快速定位 P→A |
| G01 X18.0 Z-15.0 F0.2; | 切削 A→B，进给速度 200mm/min |
| G01 X30.0 Z-26 .0; | 切削 B→C |
| G01 Z-36.0; | 切削 C→D |
| G01 X42.0; | 切出退刀 D→E |
| G00 X150.0 Z100.0; | 快速回到起点 E→P |

② 增量坐标编程（运动始点 P）如下。

| | |
|---|---|
| G00 U-132.0 W-95.0; | 快速定位 P→A |
| G01 W-20.0 F0.2; | 切削 A→B，进给速度 200mm/min |
| G01 U12.0 W-11.0; | 切削 B→C |
| G01 W-10.0; | 切削 C→D |
| G01 U12.0; | 切削 D→E |
| G00 U108.0 W136.0; | 快速回到起点 E→P |

③ 绝对坐标和增量坐标混合编程如下。

```
G54 X150.0 Z100.0;                      设定坐标系，快速定位到 P（绝对坐标）
G00 X18.0  W-95.0;                      快速定位到 A(混合编程)
G01 W-20.0 F0.2;                        切削 A→B，进给速度 200mm/min（增量编程）
G01 X30.0 W-11.0;                       切削 B→C（混合编程）
G01 W-10.0;                             切削 C→D
G01 X40.0;                              切削 D→E
G00 X150.0 Z100.0;                      快速回到起点 P（绝对坐标）
```
上述三种编程方法效果相同。

## 5.2.3 圆弧插补指令（G02，G03）

程序格式：G02 X(U)__ Z(W)__ I__ K__ (R__) F__；

G03 X(U)__ Z(W)__ I__ K__ (R__) F__；

功能：G02、G03 指令表示刀具以 F 进给速度从圆弧起点向圆弧终点进行圆弧插补。程序段中各指令的含义如表 5-2 所示。

表 5-2　圆弧插补程序段指令

| 指令 | 说明 |
| --- | --- |
| G02 | 圆弧插补，顺时针方向(CW) |
| G03 | 圆弧插补，逆时针方向(CCW) |
| X(U)__ | X轴或它的平行轴的指令值 |
| Z(W)__ | Z轴或它的平行轴的指令值 |
| I__ | X轴从起点到圆弧圆心的距离（带符号） |
| K__ | Z轴从起点到圆弧圆心的距离（带符号） |
| R__ | 圆弧半径(带符号) |
| F__ | 沿圆弧的进给速度 |

① G02 为顺时针圆弧插补指令，G03 为逆时针圆弧插补指令。圆弧的顺、逆方向规定是：朝着与圆弧所在平面垂直的坐标轴的负方向看，刀具顺时针运动为 G02，逆时针运动为 G03。车床前置刀架和后置刀架刀具圆弧运动的顺、逆方向，如图 5-7 所示。图中前置刀架的观察方向是从纸里向外看，为避免编程错误，编程时不考虑实际刀架位置，一律按后置刀架处理刀具位置。

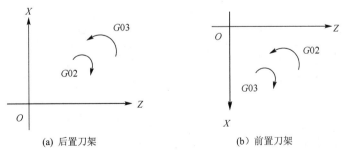

(a) 后置刀架　　　　　　　　　　　(b) 前置刀架

图 5-7　刀具圆弧运动的顺、逆方向

② 采用绝对坐标编程时 X、Z 为圆弧终点坐标值；采用增量坐标编程时 U、W 为圆弧终

点相对圆弧起点的坐标增量。

③ $R$ 是圆弧半径代码，当圆弧所对圆心角为 $0\sim180^\circ$ 时，$R$ 取正值；当圆心角为 $180^\circ\sim360^\circ$ 时，$R$ 取负值。

④ $I$、$K$ 后面的数值分别是在 $X$ 轴、$Z$ 轴方向上，圆弧起点到圆心的距离（总用半径值表示，与绝对编程和增量编程无关），圆心在起点的正向是正值（+），圆心在起点的负向为负值（−），即 $I$、$K$ 为圆弧起点到圆心的矢量分量，如图 5-8 所示（图中 $I$、$K$ 都是负值）。$I$、$K$ 为零时可以省略。

【**例 5-2**】 如图 5-9 所示，走刀路线为 $P\to A\to B\to C\to D$，试分别用数据 $R$ 和数据 $I$、$K$ 编写圆弧程序。

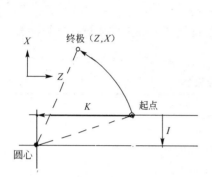

图 5-8　圆弧指令中 $I$、$K$ 的含义

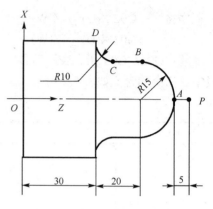

图 5-9　圆弧指令练习

**解：**切削圆弧程序编程。

① 用数据 $R$ 编写圆弧程序如下。

| | |
|---|---|
| G54; | 设定左端面中心点为程序原点 |
| G00 X0 Z70.0; | 快速定位到切入点 $P$ |
| G01 Z65.0 F0.1; | 切入到 $A$ |
| G03 X30.0 Z50.0 R15.0 F0.1; | 切削弧 $AB$ |
| G01 Z40.0; | 切削直线 $BC$ |
| G02 X50.0 Z30.0 R10.0; | 切削弧 $CD$ |
| M02; | 程序结束 |

② 用数据 $I$、$K$ 编写圆弧程序如下。

| | |
|---|---|
| G54; | 设定左端面中心点为程序原点 |
| G00 X0 Z70.0; | 快速定位到切入点 $P$ |
| G01 Z65 F0.1; | 切入到 $A$ |
| G03 X30.0 Z50.0 K-15.0 F0.1; | 切削弧 $AB$（程序中 $I=0$ 可不写） |
| G01 Z40.0 ; | 切削直线 $BC$ |
| G02 X50.0 Z30.0 K10.0; | 切削弧 $CD$（程序中 $I=0$ 可不写） |
| M02; | 程序结束 |

【**例 5-3**】 如图 5-10 所示，精车外圆，走刀路线为 $P\to A\to B\to C\to D\to E\to F$，试分别用绝对坐标方式和增量坐标方式编程。

**解：**精车外圆（走刀一次）编程。

① 绝对坐标编程如下。

跟我学 FANUC 数控系统手工编程

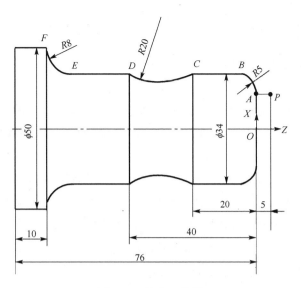

图 5-10  精车工件图

| G54；| 设定右端面中心点为程序原点 |
| G00 X24.0 Z5.0；| 快速定位到切入点 *P* |
| G01 Z0 F0.1；| 切入到 *A* |
| G03 X34.0 Z–5.0 K–5.0（或 R5.0）F0.1；| 切削弧 *AB* |
| G01 Z–20.0；| 切削 *BC* |
| G02 Z–40.0 R20.0；| 切削弧 *CD* |
| G01 Z–58.0；| 切削 *DE* |
| G02 X50.0 Z–66.0 I8.0（或 R8.0）；| 切削弧 *EF* |
| M02；| 程序结束 |

② 增量坐标编程如下。

| G54；| 设定右端面中心点为程序原点 |
| G00 X24.0 Z5.0；| 快速定位到切入点 *P* |
| G01 Z0 F0.1；| 切入到 *A* |
| G03 U10.0 W–5.0 K–5.0（或 R5.0）F0.1；| 增量编程切削弧 *A→B*（此段始增量编程）|
| G01 W–15.0；| 切削 *B→C* |
| G02 W–20.0 R20.0；| 切削弧 *C→D* |
| G01 W–18.0；| 切削 *D→E* |
| G02 U16 W–8.0 I8.0（或 R8.0）；| 切削弧 *E→F* |
| M02；| 程序结束 |

③ 绝对坐标和增量坐标混合编程如下。

| G54；| 设定右端面中心点为程序原点 |
| G00 X24.0Z5.0；| 快速定位到切入点 *P* |
| G01 Z0 F0.1；| 切入到 *A* |
| G03 X34.0 W–5.0 K–5.0（或 R5.0）F0.1；| 增量编程切削弧 *A→B*（此段始混合编程）|
| G01 W–15.0；| 切削 *B→C* |
| G02 W–20.0 R20.0；| 切削弧 *C→D* |
| G01 W–18.0；| 切削 *D→E* |
| G02 X50.0 W–8.0 I8.0（或 R8.0）；| 切削弧 *E→F* |
| M02；| 程序结束 |

### 5.2.4 程序暂停(G04)

G04 指令用于暂停进给，其指令格式为：

G04 P＿＿＿ 或 G04 X(U)＿＿＿

暂停时间的长短可以通过代码 X(U)或 P 来指定。其中，P 后面的数字为整数，单位是 ms；X(U)后面的数字为带小数点的数，单位为 s。有些机床，X(U)后面的数字表示刀具或工件空转的圈数。

该指令可以使刀具做短时间的无进给光整加工，在车槽、钻镗孔时使用，也可用于拐角轨迹控制。在车削环槽时，若进给结束立即退刀，其环槽外形为螺旋面，用暂停指令 G04 可以使工件空转几秒钟，即能将环形槽外形光整圆，例如欲空转 2.5s 时其程序段为：

G04 X2.5 或 G04 U2.5 或 G04 P2500；

G04 为非模态指令，只在本程序段中才有效。

### 5.2.5 返回参考点指令

参考点是机床上的固定点，用参数(1240 号到 1243 号)可在机床坐标系中设定 4 个参考点。参考点返回指令是使刀具移动到该位置，该指令用于回到建立机床坐标系的位置（G28），或用于回到自动换刀点位置(G30)等。

**（1）返回到参考点指令(G28、G30)**

① 返回第 1 参考点指令 G28。指令格式为：

G28 X(U) ＿ Z(W) ＿；

第 1 参考点位置由参数 1240 设定。程序段中的 X(U)、Z(W)是返回参考点时的中间点坐标，如图 5-11 所示，X、Z 是绝对坐标，U、W 是相对坐标。

② 返回第 2、3、4 参考点指令 G30。指令格式为：

G30 P2 X(U)＿ Z(W)＿；　　返回第 2 参考点（位置由参数 1241 设定），P2 可省略

G30 P3 X(U)＿ Z (W)＿；　　返回第 3 参考点（位置由参数 1242 设定）

G30 P4 X(U)＿ Z(W)＿；　　返回第 4 参考点（位置由参数 1243 设定）

程序段中的 X(U)、Z (W)同 G28 指令，是返回参考点时的中间点坐标。

**（2）返回参考点检查（G27）**

G27 用于检验 $X$ 轴与 $Z$ 轴是否正确返回参考点。指令格式为：

G27 X(U)＿ Z(W)＿

X(U)、Z(W)后面的数值为参考点的坐标。执行 G27 指令的前提是机床通电后必须经手动返回一次参考点。

**（3）从参考点返回（G29）**

使刀具由机床参考点经过中间点到达目标点。

指令格式：G29 X＿ Z＿ ；

其中，X、Z 后面的数值是刀具的目标点坐标，中间点就是 G28 指令所指定的中间点，刀

具经过此中间点到达目标点位置。在用 G29 指令之前，必须先用 G28 指令，否则执行 G29 指令时找不到中间点位置，而发生错误，如图 5-11 所示。

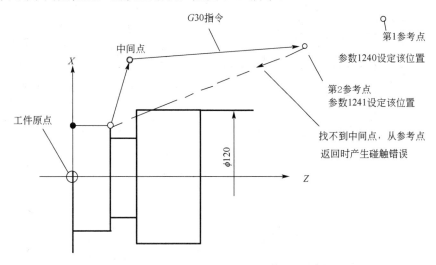

图 5-11 返回参考点指令中的参考点与中间点

# 5.3 循环加工指令

把相关的几段走刀路线，用一条指令完成，这样的指令称为循环指令。循环切削指令分为单一循环和多重循环，单一循环可完成对加工表面的一次切削，多重循环能对加工面多次循环切削。

## 5.3.1 外圆、内径车削单一循环指令(G90)

车削一次外圆，需要 4 段路线：① 刀具由循环始点快速进刀；② 按给定进给速度切削外圆；③ 按给定进给速度退刀（切削台阶面）；④ 快速返回到循环始点，从而完成一次切削外圆，如图 5-12 所示。用 G90 指令可以完成这 4 段走刀路线。

程序格式：G90 X(U)__ Z(W)__ R__ F__ ;

功能：① 圆柱面切削循环，刀具循环路线如图 5-12(a)所示。

② 圆锥面切削循环，刀具循环路线如图 5-12(b)所示。

图 5-12 中虚线（R）表示刀具快速移动，实线（F）表示刀具按 F 指定的进给速度移动。

程序段中 X、Z 表示切削终点坐标值。U、W 表示切削终点相对循环起点的坐标增量。切削圆锥面时 R 表示切削始点与切削终点在 X 轴方向的坐标增量（半径值），切削圆柱面时 R 为零，可省略。F 表示进给速度。

【例5-4】如图 5-13 所示，毛坯为φ30mm 圆钢，用外圆切削循环指令编程，切削尺寸φ20mm 外圆。

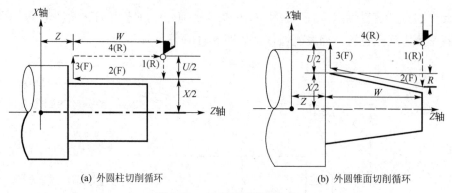

(a) 外圆柱切削循环　　　　　　　　　　(b) 外圆锥面切削循环

图 5-12　G90 切削循环指令

(R) —快速移动; (F) —由 F 指定进给速度

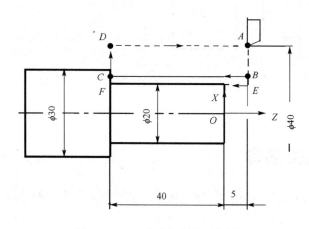

图 5-13　G90 指令切削外圆柱面

**解**：用 G90 指令编程，车削圆柱面。切削 2 次，每次切削深度 2.5mm。程序编制如下。

| | |
|---|---|
| N05 G54; | 设定右端面中心点为程序原点 |
| N10 G00 X40.0 Z5.0; | 快速定位到循环始点 A |
| N20 G90 X25.0 Z-40.0 F.015; | 第 1 次车削，循环路线 A→B→C→D→A |
| N30 X20.0 ; | 第 2 次车削，循环路线 A→E→F→D→A |
| N40 G00 …… | 其他程序段 |

注：G90 是属于 01 组的模态码，所以在 N30 程序段中仍有效，执行外圆切削循环加工。

【例 5-5】　如图 5-14 所示，毛坯为 φ30 圆钢，用外圆切削循环指令编程，切削圆锥面。

解：用 G92 指令编程，车削锥面。程序编制如下。

| | |
|---|---|
| N05 G54; | 设定右端面中心点为程序原点 |
| N10 G00 X40.0 Z5.0; | 快速定位到循环始点 A |
| N20 G92 X35.0 Z-40.0 R5.0 F.015; | 第 1 次车削，循环路线 A→B→C→D→A |
| N30 X30.0 ; | 第 2 次车削，循环路线 A→E→F→D→A |
| N40 G00 …… | 其他程序段 |

## 5.3.2 外圆粗加工多重循环（G71）

单一循环只完成对加工表面的一次切削，多重循环指令能进行多次循环切削，在多重循环指令的程序中只需写出工件精加工的形状数据，系统自动生成多次粗加工切削轨迹。

**（1）外圆粗加工多重循环 G71 程序格式**

外圆粗加工多重循环指令 G71，所完成的切削图形如图 5-15 所示。

程序格式：G71 U($\Delta d$) R($e$)；

  G71 P(ns) Q(nf) U($\Delta u$) W($\Delta w$) F($f$) S($s$) T($t$)；

程序段中的数据，如图 5-15 所示，其含义如下。

$\Delta d$ —— 每次切削深度（半径值），无正负号。

$e$ —— 每次循环后的退刀量（半径值），无正负号。

ns —— 精加工程序第一个程序段的段顺序号。

nf —— 精加工程序最后一个程序段的段顺序号。

从 ns 到 nf 程序段为精车路线，即工件精加工的形状数据。

$\Delta u$ —— X 方向的精加工余量（直径值）。

$\Delta w$ —— Z 方向的精加工余量。

$f$、$s$、$t$ —— 粗加工时 G71 中程序段中的 F、S、T 地址有效；精加工时处于 ns 到 nf 程序段之间的 F、S、T 地址有效。

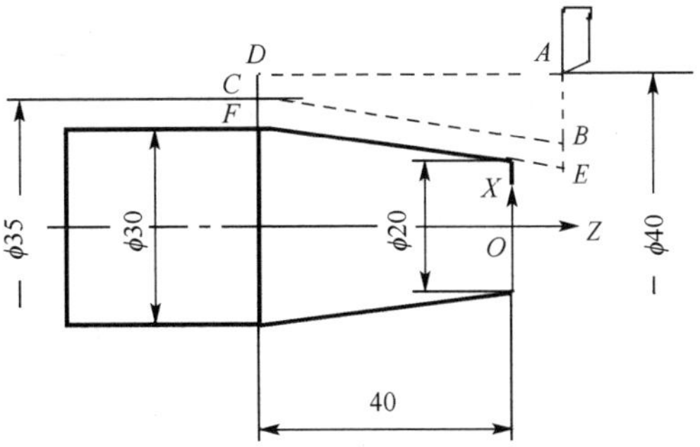

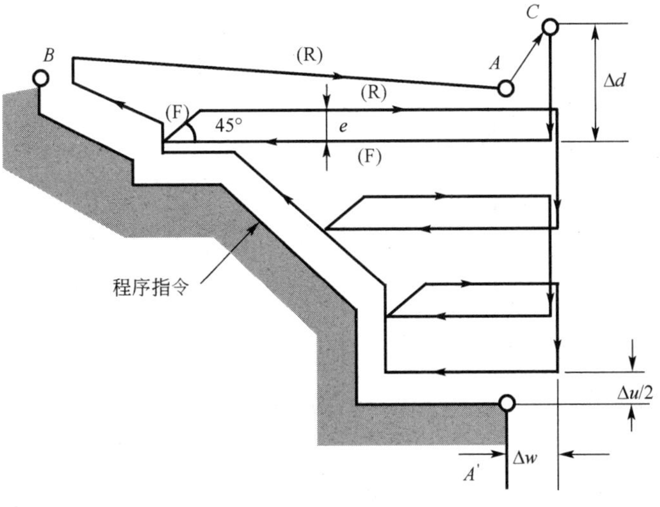

图 5-14　G90 指令切削外圆锥面

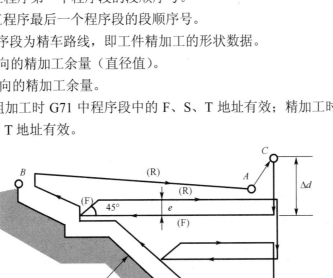

图 5-15　外圆粗加工多重循环(G71)

（F）—切削进给；（R）—快速移动

**（2）G71 多重循环功能说明**

① G71 多重循环粗车切削沿平行 Z 轴方向进行，如图 5-15 所示，图中 A 点为循环始点，A'点为精车始点，B 点为精车终点，段顺序号 ns 至 nf 之间的程序段是精车路线，即工件精加

工的形状数据。

② G71 多重循环切除棒料毛坯大部分加工余量，经过 G71 多重循环切削后，工件尚留有精加工余量，即 $\Delta u$、$\Delta w$。

**（3）编程要点**

G71 多重循环编程，要确定循环切削换刀点、循环始点 $C$、切削始点 $A'$ 和切削终点 $B$ 的位置坐标。循环始点 $C$ 的 $X$、$Z$ 坐标均应位于毛坯尺寸之外。为节省数控机床的辅助工作时间，从换刀点至循环始点 $C$ 使用 G00 快速定位指令，

G71 指令程序段中有两个代码 U，前一个表示背吃刀量，后一个表示 $X$ 方向的精加工余量。在程序段中有 P、Q 代码，则代码 U 表示 $X$ 方向的精加工余量，反之表示背吃刀量。背吃刀量无负值。

### 5.3.3 精车循环(G70)

工件经 G71、G72 或 G73 指令粗车后，尚留有精加工余量 $\Delta u$、$\Delta w$，如图 5-15 所示。用 G70 指令精车循环，可切除精车余量 $\Delta u$、$\Delta w$。

程序格式：G70 P(ns) Q(nf)；

程序段中，(ns) 为精加工程序第一个程序段的顺序号；(nf) 为精加工程序最后一个程序段的顺序号。

执行精车 G70 时在 G71、G72、G73 程序段中规定的 F、S 和 T 功能无效，顺序号 "ns" 和 "nf" 之间指定的 F、S 和 T 有效。当 G70 循环加工结束时，刀具返回到起点并读下一个程序段。G70、G71、G72、G73 中 ns 到 nf 间的程序段不能调用子程序。

**【例 5-6】** 零件图如图 5-16 所示，毛坯为 $\phi$40 圆钢，用车削循环指令编程，粗、精车加工。

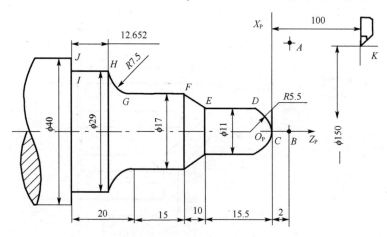

图 5-16 外圆粗加工循环应用

解：用 G71、G70 指令粗、精车外圆程序。车削程序编制如下。

| | |
|---|---|
| N005 G54; | 设定工件右端面中心点为程序原点 |
| N010 G00 X150.0 Z100.0 S800 M03 T0202; | 快速定位到程序始点 K |
| N020 G00 X41.0 Z2.0.; | 快速定位到循环始点 A |
| N030 G71 U2.0 R 1.0; | 粗车循环 |
| N040 G71 P50 Q120 U0.5 W0.2 F0.2; | 粗车循环 |

```
N050 G00 X0 ;                          定位到精车切入点 B，精车路线开始段
N055 G01 Z0;                           切入到 C
N060 G03 X11.0 W—5.5 R5.5;             切弧 CD
N070 G0I W—10.0;                       直线 DE
N080 X17.0 W—10.0;                     直线 EF
N090 W—15.0;                           直线 FD
N100 G02 X29.0 W—7.348 R7.5;           弧 GH
N110 G01 W—12.652;                     直线 HI
N120 X41.0;                            切出，直线 IJ，精车路线结束段
N130 G70 P50 Q120 F0.1;                精车循环
N140 G00 X150.0 Z100.0;                回到起始位置
N150 M30;                              程序结束
```

## 5.3.4 平端面粗车(G72)

程序格式：G72 U($\Delta d$) R($e$);

      G72 P(ns) Q(nf) U($\Delta u$) W($\Delta w$) F($f$) S($\underline{s}$) T($t$);

程序段中，$\Delta d$、$e$、ns、nf、$\Delta u$、$\Delta w$ 的含义与 G71 相同。

功能：如图 5-17 所示，G72 循环加工是由平行 $X$ 轴的轨迹完成的，除此之外，该循环与 G71 完全相同。

【例 5-7】 零件图如图 5-18 所示，毛坯为$\phi$45 圆钢，用端面粗车循环指令编程，粗、精车加工。

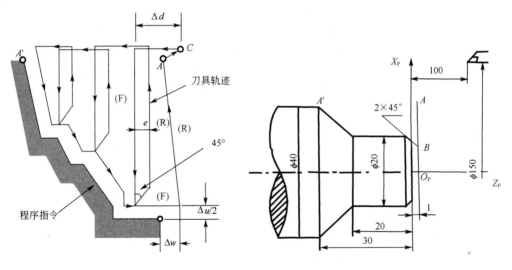

图 5-17　平端面粗车(G72)　　　　　　图 5-18　端面粗加工循环应用

解：用 G72、G70 粗、精车端面、外圆程序。车削程序编制如下。

```
N005 G54 S700 M03 T0303;               设定工件右端面中心点为程序原点
N010G00 X150.0 Z100.0;                 快速定位到程序始点
N020 G00 X41.0 Z1.0;                   定位到循环始点 A
N030 G72 W3.0 R1.0;                    粗车循环
N040 G72 P050 Q070 U0.4 W0.2 F0.3;     粗车循环
```

```
N050 G00 X14.0 Z1.0;                        定位到精车切入点 B，精车开始段
N055 G01 X20.0 Z-2.0 F0.15;                 切削，倒角
N060 Z-20.0;                                车圆柱面
N065 X40.0  Z-30.0 ;                        车锥面
N070 X45.0;                                 切出，精车结束段
N080 G70 P50 Q80 ;                          精车循环
N090 G00 X150.0 Z100.0;                     回到起始位置
N100 M30;                                   程序结束
```

### 5.3.5　固定形状切削循环(G73)

程序格式：G73 U($\Delta i$) W($\Delta k$) R($d$)；
　　　　　　G73 P($ns$) Q($nf$) U($\Delta u$) W($\Delta w$) F($f$) S($s$) T($t$)；
程序段中数据的含义如下。

$\Delta i$——X轴方向总退刀量（半径值）。

$\Delta k$——Z轴方向总退刀量。

$d$——循环次数。

ns——精加工程序第一个程序段的顺序号。

nf——精加工程序最后一个程序段的顺序号。

$\Delta u$——X方向的精加工余量（直径值）。

$\Delta w$——Z方向的精加工余量。

$f$、$s$、$t$——粗加工时 G73 程序段中的 F、S、T 地址有效；精加工时处于 ns 到 nf 程序段之间的 F、S、T 地址有效。

$\Delta i$ 和 $\Delta k$ 是粗加工时总的切削量（粗车余量），粗加工次数为 $d$，则每次 X 轴和 Z 轴方向的背吃刀量分别为 $\Delta i/d$ 和 $\Delta k/d$。$\Delta i$ 和 $\Delta k$ 的设定与工件的背吃刀量有关。

功能：固定形状切削循环的特点是刀具轨迹平行于工件的轮廓，适合加工铸造、锻造成形或已经粗车成形的一类工件，由于此类零件毛坯具有工件的形状，用 G73 指令有利于减少空行程，提高切削效率，如图 5-19 所示。

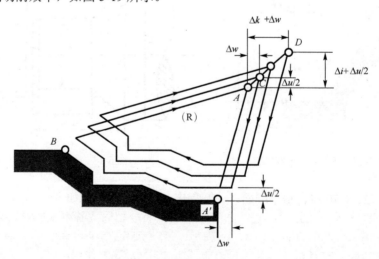

图 5-19　固定形状切削复合循环

采用固定形状切削复合循环指令 G73 编写程序时，需要确定换刀点、循环始点 D、精车

始点 $A'$、精车终点 $B$ 的坐标位置。在图 5-19 中，$D$ 点为循环始点，$A' \rightarrow B$ 是工件的轮廓线，$A \rightarrow A' \rightarrow B$ 为刀具的精加工路线，粗加工时刀具从 $A$ 点后退至 $C$ 点，后退距离分别为 $\Delta i + \Delta u/2$，$\Delta k + \Delta w$，粗加工循环之后自动留出精加工余量 $\Delta u/2$、$\Delta w$。顺序号 ns 至 nf 之间是精加工程序。

【例 5-8】 零件图如图 5-20 所示，毛坯为锻件，用固定形状切削复合循环编程，编制粗、精车加工的程序。

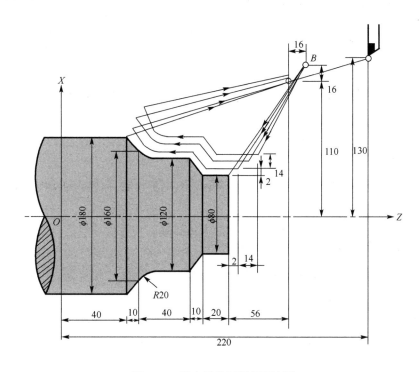

图 5-20　固定形状切削循环应用

解：用 G73、G70 粗、精车锻造毛坯工件。车削程序编制如下。

| 程序 | 说明 |
|---|---|
| N005 G54 S600 M03 T0304; | 设定工件右端面中心点为程序原点 |
| N010 G00 X260.0 Z220.0; | 快速定位到程序始点 |
| N020 G00 X220.0 Z160.0; | 定位到循环始点 $B$ |
| N030 G73 U14.0 W14.0 R3.0; | 粗车循环 |
| N040 G73 P050 Q80 U1.0 W0.5 F0.3; | 粗车循环 |
| N050 G00 X80.0 W-40.0; | 定位到精车切入点，精车开始段 |
| N055 G01 W-20.0 F0.15; | 车圆柱面 $\phi80$ |
| X120.0 W-10.0; | 车锥面 |
| N060 W-20.0 ; | 车圆柱面 $\phi120$ |
| N070 G02 X160.0 W-20.0 R20.0; | 车圆弧（$R20$） |
| N080 G01 X180.0 W-10.0; | 车锥面，精车结束段 |
| N090 G70 P50 Q80 ; | 精车循环 |
| N100 G00 X260.0 Z220.0; | 回到起始位置 |
| N110 M30; | 程序结束 |

## 5.4　轴类件的螺纹车削

### 5.4.1　等螺距螺纹切削指令（G32）

G32 指令用于切削等螺距直螺纹、外锥形螺纹和涡形螺纹。

程序格式：G32 X(U)__ Z(W)__ F__；

① 程序段中，代码 F 表示工件长轴方向的导程，如果 X 轴方向为长轴，F 后面的值为半径值。对于圆锥螺纹，如图 5-21 所示，其斜角 $\alpha$ 在 45°以下时，Z 轴方向为长轴；斜角 $\alpha$ 在 45°～90°，X 轴方向为长轴。

② 圆柱螺纹切削加工时，"X(U)__"可以省略，程序格式为：G32 Z(W)__ F__。

③ 端面螺纹切削加工时，"Z(W)__"可以省略，程序格式为：G32 X(U)__ F__。

④ 螺纹切削应注意在两端设置足够的升速切入距离 $\delta_1$ 和降速退刀(切出)距离 $\delta_2$，如图 5-21 所示。

车削螺纹主轴上的位置编码器实时地读取主轴转速，根据螺纹导程自动换算出刀具的每分钟进给量。螺纹切削是在主轴上的位置编码器输出一转信号时开始的，所以螺纹切削的始点是固定点，且刀具在工件上的轨迹不变，重复若干次相同走刀轨迹完成螺纹车削，注意在车削螺纹过程中主轴速度必须保持恒定，否则螺纹导程不正确。

【例 5-9】如图 5-22 所示圆柱螺纹，螺距 4mm，切入距离 $\delta_1$=3mm，切出距离 $\delta_2$=1.5mm，螺纹深度 1mm，切削 2 次，试编写车螺纹程序。

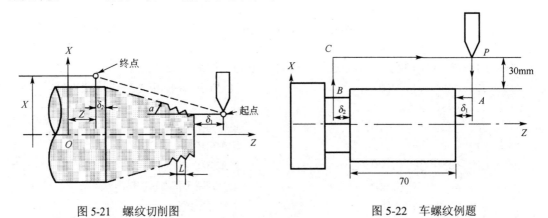

图 5-21　螺纹切削图　　　　　　　图 5-22　车螺纹例题

解：用 G32 指令车削螺纹程序，车削程序编制如下。

```
...
G00 U-62.0;                  进刀到循环始点 A
G32 W-74.5F4.0;              第一次车螺纹，到 B 点
G00 U62.0;                   退刀到 C 点
W74.5;                       返回
U-64.0;                      进刀到循环始点 A
```

```
G32 W-74.5;                          第二次车螺纹
G00 U64.0;                           退刀
    W74.5;                           返回
...
```

## 5.4.2　螺纹切削单一循环指令(G92)

由例 5-9 中可以看出，G32 指令车削螺纹，需要进刀、车螺纹、退刀和返回等四段程序，程序长且烦琐，采用螺纹车削循环指令编程可简化编程，缩短程序的长度，螺纹车削循环分为单一切削循环和多重循环。G92 是螺纹切削单一循环指令。

程序格式：G92 X (U)__ Z(W)__ R__ F__ ;

程序段中，X(U)、Z(W) 后面的值为螺纹终点坐标值，增量编程用 U、W；R 后面的值为锥螺纹始点与终点在 X 轴方向的坐标增量（半径值），圆柱螺纹的半径值为零，"R__"可省略；F 后面的值为螺纹导程。

功能：车削圆柱螺纹和锥螺纹，完成走刀一次。G92 车削圆柱螺纹过程分为 4 步，即车刀从循环起点开始，快速进刀、车削螺纹、退刀、返回到循环起点，如图 5-23 所示。图中虚线表示快速移动，实线表示按地址 F 指定的进给速度移动。

车削锥螺纹与车削圆柱螺纹相同，过程也是 4 步，如图 5-24 所示。

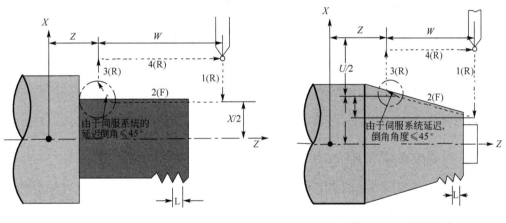

图 5-23　切削圆柱螺纹　　　　　　　　　　　图 5-24　切削锥螺纹
(R) 一快速移动；(F) 一由 F 代码指定　　　　　　(R) 一快速移动；(F) 一由 F 代码指定

【例 5-10】　采用圆柱螺纹切削循环指令编程。零件螺纹尺寸如图 5-25 所示，在螺纹牙高方向要求 4 次走刀，车削 M30×1.5 螺纹，试编写程序。

解：外螺纹大径 $D \approx$ 公称直径$-0.1P$(螺距)

外螺纹小径 $d \approx$ 公称直径$-1.3P$(螺距)

切入深度 $h \approx 0.65P$

则 $D \approx 29.985$，$d \approx 28.035$，$h \approx 1.95$。分 4 次走刀切削，第 1 次 $a_p$ 取 0.8，余下每次的背吃刀量每次递减。

解：采用 G92 指令车削螺纹编程。车削程序编制如下：

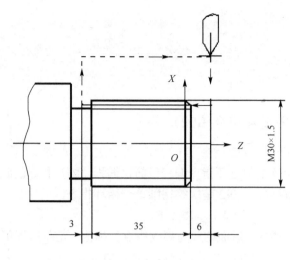

图 5-25　车削圆柱螺纹应用

```
G54 G00 X100.0 Z200.0; ,          设定工件坐标系
G97 S300;
T0101 M03;                        换刀，启动主轴
G00 X35.0 Z6.0;                   定位于循环始点
G92 X29.2 Z-38.0 F1.5;            车削螺纹第 1 次走刀
X28.6;                            车削螺纹第 2 次走刀（G92 是 01 组模态码，仍有效）
X28.2;                            车削螺纹第 3 次走刀
X28.04;                           车削螺纹第 4 次走刀
G00 X100.0 Z200.0;                返回到程序始点（G00 取代 G92）
T0100 M05 ;                       取消刀补
M02 ;                             程序结束
```

### 5.4.3　车削螺纹多重循环（G76）

在例 5-10 中螺纹切削编程采用单一循环指令 G92，由 4 个程序段完成螺纹牙高切削，如果采用螺纹多重循环指令，则一个程序段就可完成同样切削。G76 是切削螺纹多重循环指令，程序中只需指定一次 G76，并规定好相关参数，即可完成螺纹切削。螺纹切削多重循环的刀具轨迹如图 5-26(a) 所示，图中虚线表示快速进给的轨迹，细实线是按给定进给速度进给的轨迹。螺纹切削图形如图 5-26(b)所示。

车削螺纹中在牙高方向需要逐层切入工件，其切入进刀方法分为"直进法"和"斜进法"两种。"直进法"是指刀具沿背向（与轴向进给方向垂直）直线逐层切入工件；而"斜进法"是指刀具沿与背向成 1/2 刀尖角（$a/2$）方向逐层切入工件，如图 5-26(b)所示。

由图 5-26(b)可知，G32、G92 指令采用"直进法"车削螺纹，一般用于车削螺距小于 1.5mm 的螺纹，G76 指令是采用"斜进法"车螺纹。

G76 循环切削螺纹指令需用两段程序，其格式是：

G76 P(m) (r) (a) Q ($\Delta d_{min}$) R(d);

G76 X(U)__ Z(W)__ R(i) P(k) Q($\Delta d$) F(L)

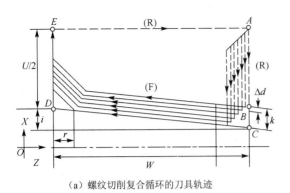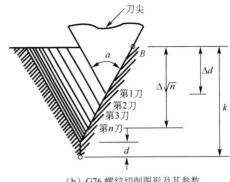

（a）螺纹切削复合循环的刀具轨迹　　　　　　（b）G76 螺纹切削图形及其参数

图 5-26　G76 切削螺纹复循环指令

螺纹复合车削循环 G76 程序中所用的参数如图 5-26(a)所示，其含义如下。

　　$m$——精加工重复次数。该值是模态的，此值可用 5142 号参数设定，由程序指令改变。

　　$r$——斜向退刀时的轴向长度单位数，由 00～99 表示。每 1 个单位长度为 0.01$L$($L$ 为螺距)，00～99 可以表示的长度是 0.01～9.9$L$。该长度也称为退尾长度。

　　$a$——刀尖角度，可以选择 80°、60°、55°、30°、29° 和 0° 六种中的一种，由 2 位数规定。

程序中参数 $m$、$r$ 和 $a$ 用代码 P 同时指定，其格式为 P($m$)($r$)($a$)。

例如，当 $m$=2、$r$=20(退尾长度为 2×螺距)、$a$=60 时，P 地址后的参数是 P022060。

　　$\Delta d_{\min}$——最小切深(用半径值指定)。当一次循环运行的切深小于此值时，取此值作为切削深度。

　　$d$——精加工余量。该值是模态的，可用 5141 号参数设定，用程序指令改变。

　　$i$——螺纹半径差。如果 $i$=0，可以进行普通直螺纹切削。

　　$k$——螺纹高。此值用半径值规定。

　　$\Delta d$——第一刀切削深度(半径值)。

　　$L$——螺纹导程(单线螺纹同螺距)。

　　注意：G76 指令中不支持 P、R 或 Q 代码后的数值用小数点输入，在 G76 指令程序段中的 Q、R、P 代码后的数值应以无小数点的形式表示。

【例 5-11】对例 5-10（图 5-25）采用 G76 指令编程。

　　解：采用 G76 指令，车削螺纹编程如下。

```
G54 G00 X100.0 Z200.0;              设定工件坐标系
G97 S300 M03;                       启动主轴
T0101;                              换刀
G00 X35.0 Z6.0;                     定位于循环始点
G76 P010560 Q160 R160;              切削螺纹，循环走刀 4 次。完成切削
G76 X28.04 Z-38.0 P980 Q800 F1.5;
G00 X100.0 Z200.0;                  回到程序始点
T0100 M05;                          取消刀补
M02;                                程序结束
```

第 5 章　FANUC 系统数控车床加工程序编制

# 5.5 刀具补偿

## 5.5.1 刀具位置偏移补偿

刀具位置偏移用来补偿实际刀具与编程中的假想刀具（基准刀具)的偏差，如图 5-27 所示的 $X$ 轴偏移量和 $Z$ 轴偏移量。

FANUCT（车削）系统中刀具偏移由 T 代码指定，程序格式为：

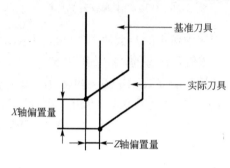

图 5-27　刀具偏置

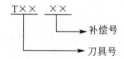

刀具号用于指定所用刀具，刀补号用于指定刀具的位置补偿和刀尖半径补偿。

刀具偏移可分为刀具几何偏移和刀具磨损偏移，后者用于补偿刀尖磨损，如图 5-28 所示。

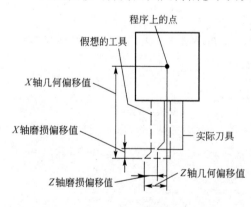

图 5-28　刀具的几何补偿偏移和磨损偏移

刀具补偿号由两位数字组成，用于存储刀具位置偏移补偿值，存储界面如图 5-29 所示，该界面上的番号是刀补号，而地址 X、Z 用于存储刀具位置偏移补偿值。

刀补号是 00，则为取消刀具位置补偿，即 T××00 是取消刀具位置补偿指令。

## 5.5.2 刀具半径补偿

### （1）刀具半径补偿用途

编程时常用车刀的刀尖代表刀具的位置，此刀尖即为刀位点。实际上刀尖不是一个点，而是由刀尖圆弧构成，如图 5-30 中的刀尖圆弧半径 $r$。车刀的刀尖点并不存在，所以称为假想刀尖，为方便操作采用假想刀尖对刀，用假想刀尖确定刀具位置，程序中的刀具轨迹就是假想刀尖的轨迹。

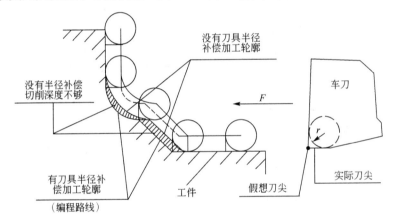

| 工具补正 | | O | N | | |
|---|---|---|---|---|---|
| 番号 | X | Z | R | T | |
| 01 | 0.000 | 0.000 | 0.000 | 0 | |
| 02 | -1.250 | 5.301 | 0.351 | 3 | |
| 03 | -2.120 | 3.210 | 1.250 | 4 | |
| 04 | 0.000 | 0.000 | 0.000 | 0 | |
| 05 | 0.000 | 0.000 | 0.000 | 0 | |
| 06 | 0.000 | 0.000 | 0.000 | 0 | |
| 07 | 0.000 | 0.000 | 0.000 | 0 | |
| 08 | 0.000 | 0.000 | 0.000 | 0 | |

现在位置（相对坐标）
U      0.000    W        0.000
〉                    S   0      2
HNDL **** *** ***
[NO检索] [ 测量 ] [C.输入] [+输入 ] [ 输入 ]

图 5-29　刀具补偿号存储界面

如图 5-30 所示，采用假想刀尖的编程轨迹，在加工工件的圆锥面和圆弧面时，由于刀尖圆弧的影响，导致切削深度不够（图 5-30 中画斜线部分）。此时若程序中采用刀具半径补偿指令，可以改变刀尖圆弧中心的轨迹（图 5-30 中虚线所示部分），补偿相应误差。

图 5-30　刀尖半径补偿的刀具轨迹

### （2）刀具半径补偿指令

程序段格式：$\begin{Bmatrix} G41 \\ G42 \\ G40 \end{Bmatrix} \begin{Bmatrix} G00 \\ G01 \end{Bmatrix} X\_Z\_$ ;

① 程序段中，指令含义如下。

G41——刀具半径左补偿，刀尖圆弧圆心偏在进给方向的左侧，如图 5-31(a)所示。

G42——刀具半径右补偿，刀尖圆弧圆心偏在进给方向的右侧，如图 5-31(b)所示。

G40——取消刀具半径补偿。

② 刀具半径补偿值。G41、G42 程序段中不带参数，其补偿号由 T 代码指定，即刀具半径补偿值存储在 T 代码（刀具补偿号）中，如图 5-29 所示。该界面上的 R 地址用于存储刀尖圆弧半径补偿值，界面上的 T 地址用于存储刀尖方位号。

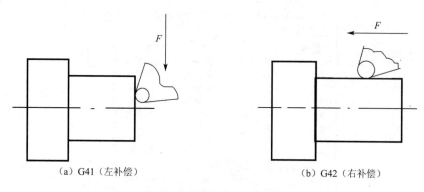

(a) G41（左补偿）　　　　　　　　　　　　(b) G42（右补偿）

图 5-31　车刀刀尖圆弧半径补偿指令 G41、G42

③ 刀尖方位号。建立刀具半径补偿需要给定车刀的刀尖方位，刀尖方位号定义了刀具起始位置与工件间的位置关系，同时定义了刀具上的刀位点与刀尖圆弧中心的位置关系。车刀刀尖方位用 0～9 等十个数字表示，如图 5-32 所示，其中 1～8 表示在 XZ 面上车刀刀尖的位置；0、9 表示在 XY 面上车刀刀尖的位置。

④ 建立刀具半径补偿程序段要求。建立刀具半径补偿程序段必须是直线运动段，即 G41、G42 指令必须与 G00 或 G01 直线运动指令组合，不允许在圆弧段程序段建立半径补偿。

⑤ 在程序中应用了 G41、G42 补偿后，必须用 G40 取消补偿。避免重复半径补偿而产生错误，程序中 G41(G40)应与 G40 成对出现。

【例 5-12】 如图 5-33 所示轴件，已经粗车外圆，试编写精车外圆程序。

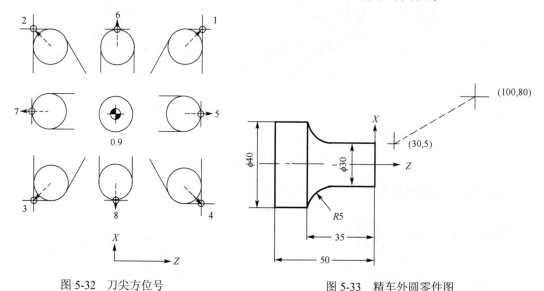

图 5-32　刀尖方位号　　　　　　　图 5-33　精车外圆零件图

解：使用刀具补偿，编制精车外圆程序如下。

| G54 X100.0 Z80.0 ; | 设定工件原点在右端面，定位到程序始点 |
| T0101 S500 M03; | 换刀，确立刀具几何补偿 |
| G00 G42 X30.0 Z5.0 ; | 定位到切入点，同时建立刀具半径右补偿 |
| G01 Z-30.0 F0.15 ; | 车 φ20mm 外圆 |
| G02 X40.0 Z-35.0 R5.0 ; | 车 R5 圆弧面 |
| G01 Z-55.0 ; | 车 φ40mm 外圆 |

| X45.0 ; | 退刀 |
|---|---|
| G00 G40 X100.0 Z80.0 ; | 取消刀尖半径补偿，回到程序始点 |
| M02 ; | 程序结束 |

# 5.6 数控车削宏程序编程

提示：在学习本节前，必须先学习本书 2.8 节。

在工件上需加工若干处相同的轮廓或在加工中多次出现相同的走刀路线，可以将该部分用子程序编写，然后在主程序中用"M98"指令调用子程序。子程序结构使程序简洁明了。宏程序可以实现子程序功能，而且宏程序允许用变量编程，进行数学计算和逻辑运算，能用于非圆曲线 (如椭圆、抛物线等)的加工，完成子程序无法实现的特殊功能，例如，系列零件加工宏程序、椭圆加工宏程序、抛物线的特殊曲线加工宏程序等。

## 5.6.1 系列零件加工宏程序

系列零件指形状相同，加工过程也相同，只是部分尺寸不同的零件，例如系列孔系等，如果将系列零件中的不同尺寸用宏变量表示，利用宏程序可以编制加工一种系列零件的通用程序。

【例 5-13】 系列零件如图 5-34 所示，右端面半球球径 $R$ 可在 10～20mm 范围内取系列数据，将球半径 $R$ 用变量#1 表示，编程原点设在工件右端面中心，毛坯直径 $\phi$45mm。从图中可以看出编程所需 $B$、$C$ 点均与球径 $R$ 相关，各基点坐标如表 5-3 所示。

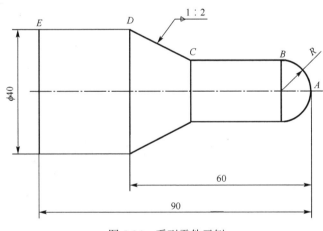

图 5-34 系列零件示例

表 5-3 零件尺寸  单位：mm

| 基点 | $X$ | $Z$ | $Z$ 坐标宏程序表达式 |
|---|---|---|---|
| $A$ | 0 | 0 | |
| $B$ | $2R$ | $-R$ | $-\#1$ |
| $C$ | $2R$ | $-[60-2\times(40-2R)]$ | $-[60-2\times(40-2\times\#1)]$ |
| $D$ | 40 | $-60$ | |
| $E$ | 40 | $-90$ | |

解：粗车本系列外圆宏程序如下。本程序中取半径 $R=10mm$，$R$ 的取值在 $10 < R < 20$ 范围的相同形状的系列零件，都可以用本程序粗车。

```
O 5200;                          宏程序号
T0101 M03 S800;                  换刀、启动主轴
G54 G98 G40;                     设定工件坐标系
G00 X100.0 Z100.0;               定位于程序始点
G00 X42.0 Z5.0;                  定位于切削始点
G71 U2.0 R1.0;                   切外圆循环，完成粗车
G71 P10 Q20 U0.5 W0 F150.;
N10 G00 X0;                      定位到精车始点（N10～N20是精车轨迹）
G01 X0 F0.1;                     进刀切削到A
#1=10.;                          变量#1赋值（即半径取值）
G03 X[2×#1]  Z-#1 R#1;           车球面AB
G01 Z-[60-2×(40-2×#1)];          车圆柱面（母线BC）
G01 X40. Z-60.;                  车圆锥（母线CD）
N20 G01 Z-90.;                   车圆柱面DE（精车轨迹结束段）
G00 X100.;                       快速推退刀
Z100.;                           回到程序始点
M05;                             主轴停
M30;                             程序结束
```

### 5.6.2  加工椭圆曲线表面宏程序

#### （1）数学知识

椭圆表面如图 5-35 所示，数控坐标轴是椭圆的对称轴，原点是对称中心，对称中心称为椭圆中心。图中 $a$、$b$ 分别为椭圆的长半轴和短半轴，椭圆和 $X$ 轴、$Z$ 轴的四个交点称为椭圆顶点。

图 5-35 所示坐标系中的椭圆标准方程为：

$$\frac{Z^2}{a^2} + \frac{X^2}{b^2} = 1$$ （$a$ 为长半轴，$b$ 为短半轴，

$a > b > 0$）

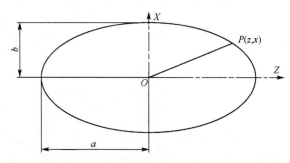

图 5-35  $Z$、$X$ 坐标轴的椭圆标准方程

可导出：

$$X = \pm\frac{b}{a} \times \sqrt{a^2 - Z^2} \tag{5-1}$$

$$Z = \pm\frac{a}{b} \times \sqrt{b^2 - X^2} \tag{5-2}$$

设椭圆上某点 $P$（$z$，$x$），在宏程序中设变量#1 为椭圆上 $P$ 点的 $Z$ 坐标值，变量#2 为 $P$ 点的 $X$ 坐标值，根据公式（5-1），$X$ 坐标值的宏程序表达式为：

$$\#2 = b/a \times SQRT[[a \times a] - [\#1 \times \#1]] \quad （只用正值） \tag{5-3}$$

**（2）用直线拟合非圆曲线**

数控加工椭圆曲线的方法是把椭圆曲线分成若干小段，用直线插补加工这些小段线，拟合成椭圆曲线。具体作法如图 5-36 所示，在椭圆曲线上按 Z 轴每间距小距离（如 0.1mm）取一个点。间距越小，拟合精度越高，通常可取 0.1～0.5mm。

① 首先确定曲线上点的 Z 坐标值。由于相邻点的 Z 坐标递减 0.1mm，因此由前一个点 $P_n(x_n, z_n)$，计算 $P_{n+1}(x_{n+1}, z_{n+1})$ 点的 Z 坐标关系式为：$Z_{n+1} \leftarrow Z_n - 0.1$。用变量#1 表示 Z 坐标的宏程序表达式为：#1=#1−0.1。

② 计算该点的 X 坐标值。以 Z 轴坐标（#1）为自变量，X 轴坐标（#2）为变量，根据表达式（5-3）：#2=b/a×SQRT[[a×a]−[#1×#1]]，可以计算出对应点的 X 坐标值。

③ 运行程序："G01 X[2×#2] Z[#1];"，完成切割小段直线。

循环运行上述①～③程序过程，用诸多直线段拟合成规定的椭圆曲线段，如图 5-36 所示。

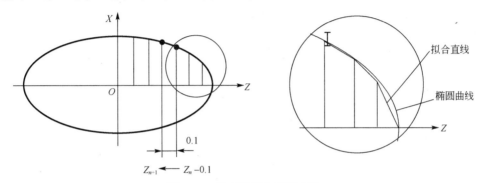

图 5-36　用直线拟合椭圆曲线

**（3）例题**

**【例 5-14】**　车削图 5-37 所示工件，编写宏程序。

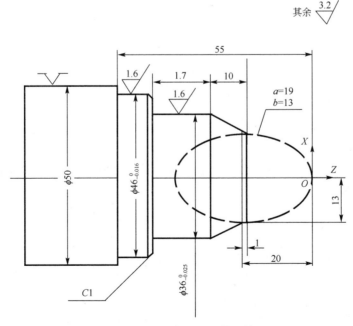

图 5-37　具有椭圆表面的零件

解：宏程序变量分配分析如下。#1为椭圆曲线公式中的Z值，初始值为19，终值为0。#2为椭圆曲线公式中的X值，初始值为0。图5-37所示坐标系与标准方程坐标系（图5-35）比较，原点沿Z轴负向平移a距离，所以图5-37工件坐标系中某点Z坐标值为：#1—a。宏程序变量分配如表5-4所示。

表5-4　宏程序变量分配

| 坐标 | 变量 | 基于标准方程的宏程序表达式 | 坐标系变换后在图5-37中的坐标值 |
|------|------|---------------------------|-------------------------------|
| Z | #1 | #1=#1−0.1 | #1−a |
| X | #2 | #2=b/a×SQRT[[a×a]−[#1×#1]] | 2×#2（直径值） |

图5-37中右半个椭圆面的宏程序结构如图5-38所示。

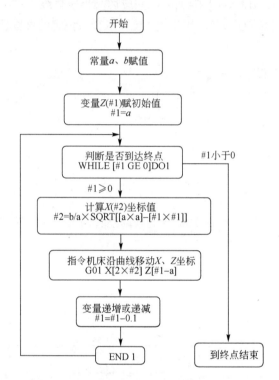

图5-38　车椭圆宏程序组成框图

其宏程序编制如下。

```
O0600;
G54 X100.0 Z100.0 ;          设定工件原点在右端面，定位到换刀点
T0101 S500 M03;              换刀，换刀T01，设定位置补偿，刀补号01
G99 G97 G21;
G50 S1000;
G96 S120;
G00 X53.0 Z5.0 M08;          定位到循环始点
G73 U21 W1.0 R19.0;          粗车循环
G73 P10 Q20 U0.5 W0.1 F0.2;  N10～N20为精车轨迹程序段
N10 G00 X0 S1000;
```

```
G42 G01 Z0 F0.08;                            Z 向切入，建立刀具半径有补偿
#1=19.0;                                     设 Z 变量初值为 19mm
#2=0;                                        X 变量初值为 0
WHILE [#1 GE 0] DO1;                         Z≥0 运行 DO~END 间程序，Z<0 转到 END 后
#2=13/19 × SQRT[[19 × 19]-[#1 ×              计算 X 坐标（半径值）
#1]];
G01 X[2×#2] Z[#1-19.0] F0.1;                直径编程，用直线拟合椭圆曲线
#1=#1-0.1;                                   Z 变量每次按 0.1 递减
END 1;                                       循环体结束
X36.0 Z-29.0;                                车锥面
Z-46.0;                                      车直径ϕ46mm
X44.0;                                       车台阶面
X46.0 Z-47.0;                                倒角 C1
Z-55.0;                                      车圆柱ϕ46mm
N20 G40 X52.0;                               X 向切出，取消刀具半径补偿
G70 P10 Q20;                                 精车循环（取出精车余量）
G00 X100.0 Z100.0;                           返回换刀点
T0100 M05;                                   取消刀具位置补偿
M30;                                         程序结束
```

**【例 5-15】**车削图 5-39 所示工件，编写宏程序。

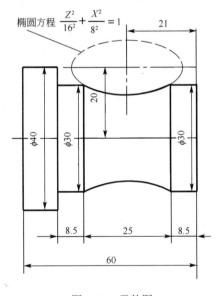

图 5-39 零件图

解：宏程序变量分配分析如下。#1 为非圆曲线公式中的 Z 值，初始值为 12.5，终值为-12.5，#2 为椭圆曲线公式中的 X 值，初始值设为 0，由于是车凹椭圆面，#2 计算后取负值。图 5-39 所示坐标系与图 5-35 所示的标准方程坐标系比较，坐标原点沿 X 轴正向平移 20mm 距离，沿 Z 轴负向平移 21mm 距离，所以图 5-39 工件坐标系中椭圆上某点坐标 X：（2×#2+40），Z：（#1-21）。宏程序变量分配如表 5-5 所示。

表 5-5　宏程序变量分配

| 坐标 | 变量 | 基于标准方程的宏程序表达式 | 坐标系变换后图 5-39 中的坐标值 |
|------|------|---------------------------|------------------------------|
| $Z$ | #1 | #1=#1−0.5 | #1−21 |
| $X$ | #2 | #2=b/a×SQRT[[a×a]−[#1×#1]] | −[2×#2+40]（车凹椭圆面，取负值） |

其宏程序编制如下。

```
O0600;                              
G54 X100.0 Z100.0 ;                  设定工件原点在右端面，定位到换刀点
T0101 S500 M03;                      换刀，换刀 T01，设定位置补偿，刀补号 01
G99 G97 G21;                         
G50 S1000;                           
G96 S120;                            
G00 X53.0 Z5.0 M08;                  定位到循环始点
G73 U21 W1.0 R19.0;                  粗车循环
G73 P10 Q20 U0.5 W0.1 F0.2;          N10~N20 为精车轨迹程序段
N10 G00 X0 S1000;                    定位
G42 G01 Z0 F0.08;                    Z 向切入，建立刀具半径有补偿
X30.0;                               车端面
Z−8.5;                               车直径ϕ30mm
#1=12.5;                             设 Z 变量初值为 12.5mm
#2=0;                                X 变量初值为 0
WHILE [#1 GE[−12.5]] DO1;            Z≥−12.5 运行循环体程序，Z<−12.5 转到
#2=8/16 × SQRT[[16 × 16]−[#1 ×       END 后
#1]];                                计算 X 坐标（半径值）
#2=−[#2];                            车凹椭圆面，取负值
G01 X[2×#2+40.0] Z[#1−21.0] F0.1;    直径编程，用直线拟合椭圆曲线
#1=#1−0.5;                           Z 变量每次按 0.5 递减
END 1;                               循环体结束
Z−42.0;                              车直径ϕ44mm
X40.0;                               车台阶面
Z−65.0;                              车圆柱ϕ44mm
N20 G40 X50.0;                       X 向切出，取消刀具半径补偿
G70 P10 Q20;                         精车循环（取出精车余量）
G00 X100.0 Z100.0;                   返回换刀点
T0100 M05;                           取消刀具位置补偿
M30;                                 程序结束
```

# 第❻章

# FANUC 系统数控车床操作

## 6.1 FANUC 数控系统数控车床操作界面

### 6.1.1 数控车床操作界面组成

数控车床操作是通过车床上的操作面板进行的，FANUC 数控系统有多种型号，不同型号的操作面板结构有一些差别，例如 FAUNC 0T 系统数控车床的操作面板如图 6-1 所示。采用 FANUC 0iT 系统的 CK6150 车床操作面板如图 6-2 所示。本章介绍 FANUC 0iT 数控系统的数控车床操作，读者可采用类比的思路，学习其他型号数控车床操作。

数控车床的操作面板由上下两部分组成，如图 6-1、图 6-2 所示。操作面板的上部分是数控系统操作面板（也称为 CRT/MDI 面板），下部分是机床操作面板。

### 6.1.2 数控系统操作面板

车床数控系统操作面板如图 6-1、图 6-2 上半部分所示。该面板的操作方法与数控铣床相同，参见 3.1.2 节。数控车床的基本信息显示操作参见 3.3 节。

### 6.1.3 数控车床机床操作面板

机床的型号不同，机床面板上开关的配置不相同，开关的形式及排列顺序有所差异，但基本功能类似。采用 FANUC 0iT 系统的 CAK6150 型车床机床操作面板如图 6-2 下半部分所示。操作面板上各键的用途如表 6-1 所示。

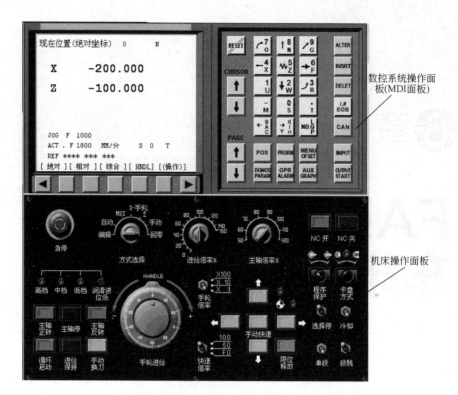

图 6-1　采用 FANUC 0T 系统的车床操作面板

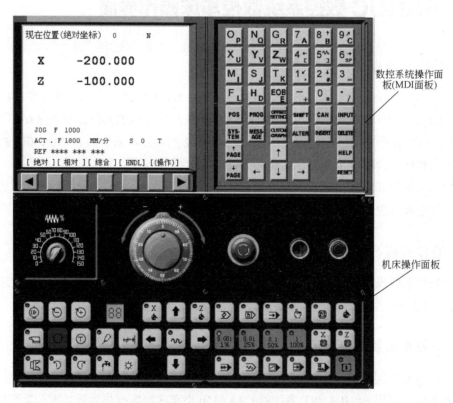

图 6-2　采用 FANUC 0iT 系统的 CK6150 车床操作面板

跟我学 FANUC 数控系统手工编程

**表 6-1　数控车床机床操作面板上各键的用途**

| 键的标志字符 | | 键名称 | 键用途 |
|---|---|---|---|
| | | 系统上电（绿色） | 打开系统电源 |
| | | 系统下电（红色） | 关闭系统电源 |
| | | 紧急停止 | 使机床移动立即停止，并且所有的输出如液压、主轴的转动、冷却液等都会关闭，用于发生紧急情况时的处理 |
| 操作方式选择 | | 编辑方式 | 用于检索、检查、编辑加工程序 |
| | | 手动数据输入方式（MDI 运行方式） | 从 MDI 键盘上输入一组程序指令，机床根据输入的程序指令运行，这种操作称为 MDI 运行方式。一般在手动输入原点偏置、刀具偏置等机床数据时也采用 MDI 方式 |
| | | 自动方式 | 程序存到 CNC 存储器中后机床可以按程序指令运行，该运行操作称为自动运行（或存储器运行）方式<br>程序选择：通常一个程序用于一种工件，如果存储器中有几个程序，则通过程序号选择所用的加工程序 |
| | | 手动方式（JOG） | 在 JOG 方式下按下运动方向键，刀具沿所示坐标轴的方向移动，抬起按键，进给运动停止（用于手动选刀，以及主轴起、停、换向等） |
| | 手轮方式 | 手轮 X 轴 | 手轮进给方式，选择手轮移动 X 轴 |
| | | 手轮 Z 轴 | 手轮进给方式，选择手轮移动 Z 轴 |
| | 回零（参考点）方式 | X 轴回零 | 手动返回参考点就是用操作面板上的开关将刀具移动到参考点，刀具到达参考点后回零指示灯灯亮 |
| | | Z 轴回零 | |
| | | 手轮 | 在手轮方式下摇转手轮，刀具按手轮转过的角度移动相应的距离 |
| | | 快速速率选择 | 在手轮方式时，选择手轮进给当量，即手轮每转一格，直线进给运动的距离可以选择 1μm、10μm、100μm 或 1000μm。<br>在手动（JOG）方式时，快速移动倍率选择开关用于选择快速移动速率 |
| 自动运行控制 | | 机床锁定 | 按下机床锁住开关，在自动方式下程序循环启动后刀具不移动，但是显示界面上可以显示刀具的运动位置 |
| | | 空运行 | 不装夹工件，按下空运行开关，在自动方式下循环启动后刀具快速进给，用于检查刀具的运动轨迹 |
| | | 程序段跳过 | 按下跳过程序段开关，程序运行时跳过开头标有"/"的程序段 |
| | | 单段运行 | 在单程序段方式中循环启动后，刀具在执行完程序中的一段程序后停止 |

| 键的标志字符 | | 键名称 | 键用途 |
|---|---|---|---|
| 自动运行控制 | | 进给保持 | 在程序运行中按下进给保持按键，自动运行暂停。程序暂停后，按下循环启动按钮，程序可以从停止处继续运行 |
| | | 循环启动 | 按下循环启动按钮，程序开始自动运行。当完成一个加工程序后自动运行停止 |
| | | 轴（坐标轴）和运动方向选择键 | 按运动方向选择开关，机床沿选择的轴（坐标轴）和方向移动 如果按下该开关的同时，按下快速选择开关，刀具快速移动 |
| | | 进给速率选择 | 进给倍率旋钮用于在操作面板上调整程序中指定的进给速度，此键用于改变程序中指定的进给速度，进行试切削，以便检查程序 |
| | | 数显 | 主轴转速挡位显示（左数显管） 当前刀号显示（右数显管） |
| | | 润滑 | 手动方式下，压下该键（键能够自锁），启动润滑泵，其指示灯亮；抬起该键，润滑泵停，其指示灯灭。 |
| | | 解除超程 | 解除超程报警 |
| | | 手动换刀 | 手动方式下，每按一下该键，刀库转到下一个刀位，用于换刀 |
| | | 开冷却液 | 手动开冷却液，进行冷却液的开关操作（键能够自锁） |
| 主轴控制 | | 主轴加、减转速 | 用于在操作面板上调整程序中指定的主轴转速 |
| | | 主轴停止按键 | 主轴停止按键 |
| | | 主轴手动允许 | |
| | | 主轴正转（键自锁） | |
| | | 主轴反转（键自锁） | |
| | | 启动液压 | 启动液压系统 |
| | | 尾座 | 移动尾座 |
| | | 卡盘 | 控制卡盘夹紧或放松 |

# 6.2　手动操作数控车床

本节以 CAK6150 车床操作为例，介绍数控车床手动操作方法。

## 6.2.1　通电操作

打开数控系统电源的步骤如下。

① 检查数控机床的外观是否正常，比如检查前门和后门是否关好。

② 按 ⬤ 键，打开机床电源。

③ 通电后如果系统正常，则会显示位置屏幕界面，如图 6-3 所示。显示屏上若有报警应及时予以处理。

④ 检查各控制箱的冷却风扇是否正常运转。

⑤ 按 ⬤ 键，启动液压、气动装置，检查压力表指示是否在所要求的范围内。

⑥ 检查操作面板上的指示灯是否正常，各按钮、开关是否处于正确位置。

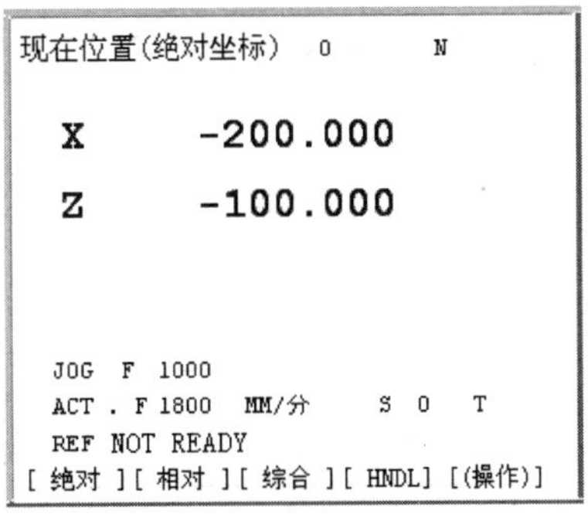

```
现在位置(绝对坐标)    0        N

   X      -200.000

   Z      -100.000



JOG  F 1000
ACT . F 1800  MM/分       S O T
REF NOT READY
[ 绝对 ] [ 相对 ] [ 综合 ] [ HNDL ] [ (操作) ]
```

图 6-3　刀具位置显示

## 6.2.2　手动回零

机床零点（也称参考点）是数控机床上的一个固定基准点，通常设置在正向运动的极限位置。回参考点操作用于设定机床坐标系，机床开机后屏幕显示的坐标值是随机值，回参考点可以使数控系统捕捉到刀具位置，显示刀具在机床坐标系中的坐标值，从而建立起机床坐标系。回零步骤如表 6-2 所示。

用于检测位置的绝对编码器具有记忆机床零点功能，如果机床装有绝对编码器，则机床开机后可自动建立机床坐标系，不需要进行回零操作。

表 6-2　手动回零操作步骤

| 顺序 | 按键操作 | 说　　明 |
|---|---|---|
| 1 | ⬤ | 机床进入回零方式，屏幕上左下角位置显示的状态为 "REF" |
| 2 | X ⬤ | 则刀架沿 X 轴正向快速运动，一直到达 X 轴零点位置后，刀架停止，键中的指示灯亮，指示刀架 X 轴正在回零位置 |
| 3 | Z ⬤ | 则刀架沿 Z 轴正向快速运动，一直到达 Z 轴零点位置后，刀架停止，键中的指示灯亮，指示刀架 Z 轴正在回零位置 |
| 4 | 0.001 0.01 0.1 1 / 1% 25% 50% 100% | 刀架快速运动速率由 0.001 0.01 0.1 1 / 1% 25% 50% 100% 键选择 |

## 6.2.3　用按键手动移动刀架（手动连续进给 JOG）

手动按键的使 X、Z 等任一坐标轴按调定速度进给或快速进给。手动操作一次只能移动一个轴，操作步骤如表 6-3 所示。

表 6-3　用按键手动移动刀架（JOG 方式）操作步骤

| 顺序 | 按键操作 | 说　明 |
|---|---|---|
| 1 | | 机床进入手动连续方式，屏幕上左下角位置显示的状态为 "JOG" |
| 2 | 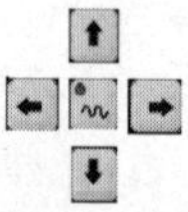 | 按运动方向选择键，机床沿选择的轴和方向移动 |
| |  | 手动运动的进给速度由进给速率选择旋钮选择 可以通过手动操作进给速度的倍率旋钮，调整进给速度 |
| 3 | | 如果按下运动方向键的同时，按下快速选择键，刀架快速移动；抬起运动方向键，刀架运动停止 |
| 4 | 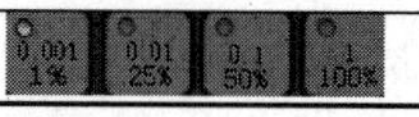 | 在快速移动过程中快速移动倍率开关有效，刀架快速运动速率由　　　　　　键选择 |

## 6.2.4　用手轮移动刀架（手摇脉冲发生器 HANDLE 进给）

手摇脉冲发生器又称为手轮，摇动手轮，使 $X$、$Z$ 等任一坐标轴移动，手轮进给操作步骤如表 6-4 所示。

表 6-4　手轮进给操作步骤

| 顺序 | 按键操作 | 说　明 |
|---|---|---|
| 1 | | 机床进入手轮方式，屏幕上左下角位置显示的状态为 "HAND" |
| 2 |   X（或 Z）键 | 选择用手轮移动 $X$ 轴（或 $Z$ 轴） |
| 3 |  | 选择手轮移动的倍率。选择手轮旋转一个刻度时，刀架运动的直线距离可以是 0.001mm、0.01mm、0.1mm 和 1.0mm |
| 4 |  | 旋转手轮使刀具移动。手轮旋转 360°，刀具移动的距离相当于 100 个刻度的对应值。手轮顺时针（CW）旋转，则移动轴向该轴的 "+" 坐标方向移动，手轮逆时针（CCW）旋转，则移动轴向 "−" 坐标方向移动 |

## 6.2.5　安全操作

安全操作包括急停、超程等各类报警处理。

### （1）报警

数控系统对其软、硬件及故障具有自诊断能力，该功能用于监视整个加工过程是否正常，如果工作不正常，系统及时报警，例如刀具运动在 $Z$ 轴超程，报警屏面显示出错信息如图 6-4 所示。常见的报警形式有机床自锁（驱动电源切断）、屏幕显示出错信息、报警灯亮、蜂鸣器响等。

### （2）急停处理

当加工过程出现异常情况时，按机床操作面板上的 "急停" 钮，机床的各运动部件在移动中紧急停止，数控系统复位。急停按钮按下后会被锁住，不能弹起，通常旋转该按钮，即可解锁。急停操作等于切断了电机的电流。

图 6-4 Z 轴超程报警屏面

急停处理过程如表 6-5 所示。

表 6-5 操作中的"急停"

| 顺序 | 按键操作 | 说 明 |
|---|---|---|
| 1 | | 出现异常情况时，按机床操作面板上的"急停"钮，各运动部件在移动中紧急停止，数控系统复位 |
| 2 | | 排除引起急停的故障 |
| 3 | | 手动返回参考点操作，重新建立坐标系，如果在换刀动作中按下急停钮，则必须用 MDI 方式将换刀机构调整好 |

### （3）超程处理

在手动、自动加工过程中，若移动的刀具或工作台移动到由机床限位开关设定的行程终点时，刀具减速并最终停止，同时界面显示出英文信息"OVER TRAVEL"（超程），例如 Z 轴超程时，屏面显示"Z 轴超差"，如图 6-4 所示。超程时系统报警，同时机床锁住，不能启动。为重新启动机床，超程报警后处理步骤如表 6-6 所示。

表 6-6 超程报警后的处理步骤

| 顺序 | 按键操作 | 说 明 |
|---|---|---|
| 1 | | 解除超程报警 |
| 2 | | 机床进入手轮方式，屏幕左下角位置显示的状态为"HAND"。 |
| 3 | | 用手轮使超程轴反向移动适当距离（大于 10mm） |
| 4 | | 按"RESET"键，超程轴原点复位，恢复坐标系统 |

## 6.2.6 MDI 运行数控程序

采用 MDI 运行程序，一般用于简单的测试操作。在 MDI 方式中通过 MDI 面板可以编制最多 10 行程序段，并被执行。采用 MDI 方式运行的操作步骤如下。

① 按下 **MDI** 方式开关。

② 按下 MDI 操作面板上的功能键$\boxed{\text{PROG}}$，选择 MDI 操作界面，界面显示如图 6-5 所示。程序号 O 0000 是自动加入的。

③ 用通常的程序编辑操作编制一个要执行的程序，在结束的程序段中加上 M99 用于在程序执行完毕后，将控制返回到程序头。在 MDI 方式编制程序可以用插入、修改、删除字检索，以及地址检索和程序检索等操作。

④ 要完全删除在 MDI 方式中编制的程序，可以使用以下的方法。

a. 输入地址$\boxed{\text{O}}$，然后按下 MDI 面板上的$\boxed{\text{DELETE}}$键。

b. 或者按下$\boxed{\text{RESET}}$键，

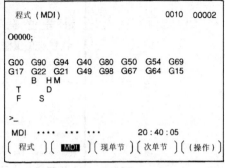

图 6-5  MDI 操作屏幕

⑤ 为了启动程序须将光标移动到程序头，也可从中间点启动执行，按下操作面板上的循环启动按钮，程序启动运行。当执行程序结束指令 M02 或 M30，或者执行%后，程序自动清除并且运行结束。通过指令 M99，光标自动回到程序的开头。

⑥ 要在中途停止或结束 MDI 操作，可按以下步骤进行。

a. 停止 MDI 操作。按下操作面板上的进给暂停开关，进给暂停指示灯亮，循环启动指示灯熄灭，当机床在运动时进给操作减速并停止。当操作面板上的循环启动按钮再次被按下时，机床重新启动运行。

b. 结束 MDI 操作。按下 MDI 面板上的$\boxed{\text{RESET}}$键，自动运行结束并进入复位状态。当在机床运动中执行了复位命令后，运动会减速并停止。

# 6.3  跟我学创建、运行车削程序操作

学习要点：通过例 6-1 简单的数控加工程序，举例学习创建、运行程序的操作步骤。

【例 6-1】 如图 6-6 所示，毛坯$\phi$30mm×70mm 圆钢，走刀一次，车削外圆，加工部位尺寸为$\phi$25mm×30mm。

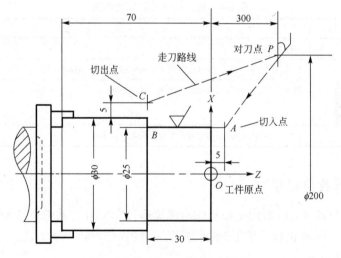

图 6-6  车$\phi$25mm 外圆走刀路线

## 6.3.1 编写加工程序

### （1）设定工件坐标系

本例采用对刀点位置设定工件坐标系。走刀路线中刀具的起始位置，也称对刀点位置。一般情况下，对刀点是程序中刀具运动的起点，也是加工程序结束时刀具的终止位置。

图 6-6 中选工件右端面为工件坐标系原点，采用 G50 指令设定工件坐标系，设定工件坐标系的程序段为：

```
G50 X200.0 Z300.0;
```

段中 X200、Z300 为刀具起始点在 $X$ 轴、$Z$ 轴方向距工件原点的距离。

### （2）车削走刀路线

在车削加工中为避免切入、切出工件时产生毛刺，车削中刀具进刀和退刀应有一定的距离，一般车刀切入位置（切入点）和切出位置（切出点）距工件 3～5mm。车削走刀路线是：开始时刀具采用快速走刀接近工件，到达切入点，然后用切削进给，一直切削到切出点。最后快速返回到对刀点，如图 6-5 中虚线所示。

### （3）加工程序

```
O0100;                          程序号
N10 G50 X200.0 Z300.0;          刀具位于对刀点 P，设定工件坐标系
N20 S500 M03 ;                  启动主轴
N30 G00 X25.0 Z5.0;             快速接近工件，到 A 点
N40 G01 Z-30.0 F0.15;           切削 AB
N50 X35.0;                      切出（退刀）BC
N60 G00 X200.0 Z300.0;          快速回到对刀点 P
N70 M02;                        程序结束
```

## 6.3.2 创建数控程序

用键盘创建、输入数控程序，操作步骤如表 6-7 所示。

表 6-7　用键盘创建数控程序步骤

| 顺序 | 按键操作 | 说　明 |
|---|---|---|
| 1 | ⬦ | 进入 EDIT 方式，屏幕左下角状态显示为"EDIT" |
| 2 | PROG | 显示在内存中的程序界面，进行程序的编辑 |
| 3 | Op 0* 1* 0* 0* | 键入程序号，"O0100"显示在屏幕下方符号">"的后面（该位置为输入缓冲区），如图 6-7 所示<br>如键入了错误的字符，按 CAN 键，可取消在缓冲区中的字符 |
| 4 | INSERT | 把缓冲区中的字符插入到内存，显示在屏幕上 |
|  | ALTER | 用缓冲区中的字符更改屏幕上光标所在位置的字符 |
|  | DELETE | 取消屏幕上光标所在位置的字符 |
| 5 | EOB E | 分段输入程序，每程序段后需按 EOB E，换行 |
|  | …… | 输入程序段的每一个字，显示在缓冲区 |
| 6 | EOB E | 键入";" |
|  | INSERT | 缓冲区字符进入到内存，如图 6-7 所示 |
| 7 | | 逐步把例 6-1 的程序输入内存，创建程序完成 |

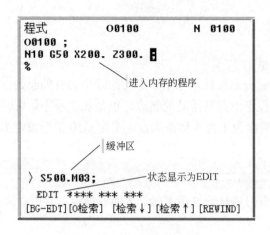

```
程式              O0100        N 0100
O0100 ;
N10 G50 X200. Z300.
%
```

进入内存的程序

缓冲区

> S500.M03;  ———— 状态显示为EDIT

EDIT **** *** ***
[BG-EDT][O检索] [检索↓] [检索↑] [REWIND]

图 6-7  用 MDI 面板创建程序

### 6.3.3  装夹工件，用 G50 建立工件坐标系的对刀

三爪卡盘装夹 $\phi$30mm×70mm 圆钢，程序中用 G50 建立工件坐标系，需要进行对刀操作。程序中设定工件坐标系的程序段为：G50 X200.0 Z300.0。

对刀点坐标：$X$=200，$Z$=300。

使刀尖定位于对刀点的对刀操作步骤如表 6-8 所示。

表 6-8  用 G50 建立坐标系中的对刀操作

| 顺序 | 操作 | 说　明 | 屏幕显示 |
|---|---|---|---|
| 1 | 回零操作 | 建立机床坐标系 | |
| 2 | 装夹工件 | 毛坯尺寸 $\phi$30mm×70mm | |
| 3 | 手动（JOG）操作，车端面，见光即可 | 车完端面，车刀沿 $X$ 轴原路退回，$Z$ 轴不动。观测、记下屏幕 $Z$ 轴坐标值($Z$=99.565)<br><br>想一想：若对刀点到端面的距离为 300mm，则在机床坐标系中对刀点的 $Z$ 坐标为：<br>$Z$=99.565+300=399.565 | 现在位置(绝对坐标)　00100　N 0100<br><br>　X　　　248.140<br><br>　Z　　　99.565<br><br><br>JOG  F 150<br>ACT . F 150    MM/分      S 0  T 1<br>JOG **** *** ***<br>[ 绝对 ][ 相对 ][ 综合 ][ HNDL] [(操作)]<br><br>机床坐标系屏显Z值：99.565<br>$P$点机床坐标系Z值：99.565+300=399.565<br>对刀点 $P$<br>$\phi$30　$\phi$200　300 |

| 顺序 | 操作 | 说明 | 屏幕显示 |
|---|---|---|---|
| 4 | 手动（JOG）操作，车外圆 | 车一段外圆，车刀沿Z轴原路退回，X轴不动。测量所车外圆直径 $d=\phi27.308$。此刻，对刀点到 $d$ 圆的距离为：200−27.308＝172.692。记下屏幕X轴坐标值(X=238.37)<br>想一想：若对刀点 X=200mm，则在机床坐标系中对刀点的 X 坐标为：X=238.37+172.692＝411.062 | 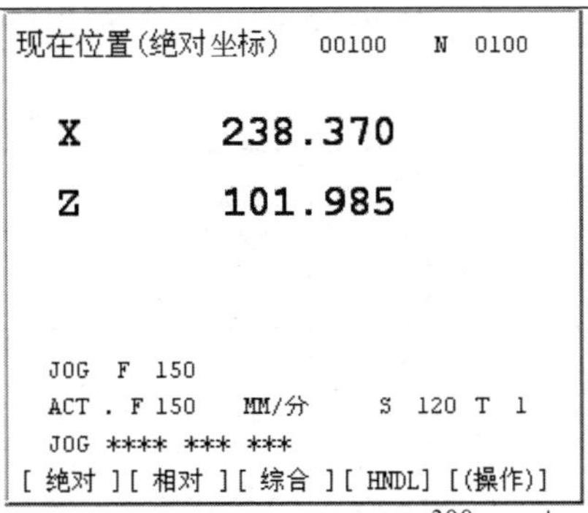 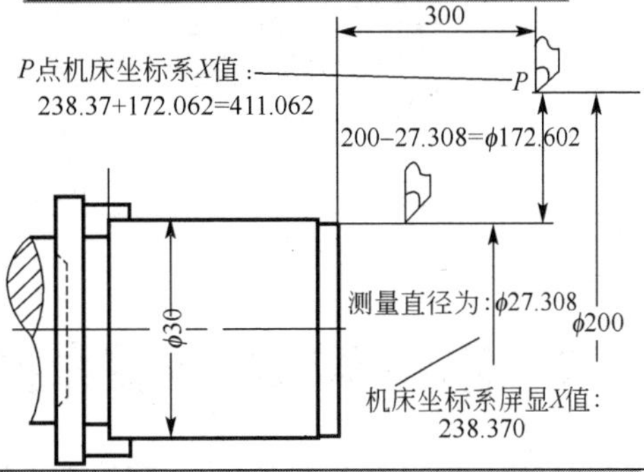 现在位置(绝对坐标)　00100　N 0100<br><br>X　　　238.370<br>Z　　　101.985<br><br>JOG F 150<br>ACT. F 150　　MM/分　　S 120 T 1<br>JOG **** *** ***<br>[ 绝对 ][ 相对 ][ 综合 ][ HNDL] [(操作)]<br><br>P点机床坐标系X值：238.37+172.062=411.062<br>200−27.308=φ172.602<br>测量直径为：φ27.308<br>机床坐标系屏显X值：238.370 |
| 5 | 手动（JOG）操作，使刀尖移动到对刀点 | 屏幕显示：X=411.062；Z=399.565 | 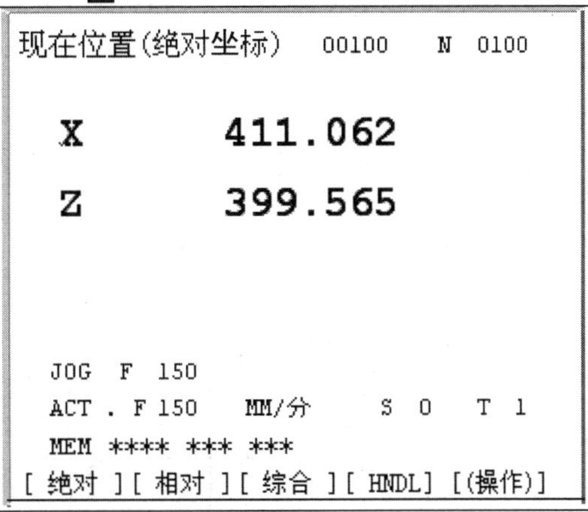 现在位置(绝对坐标)　00100　N 0100<br><br>X　　　411.062<br>Z　　　399.565<br><br>JOG F 150<br>ACT. F 150　　MM/分　　S 0 T 1<br>MEM **** *** ***<br>[ 绝对 ][ 相对 ][ 综合 ][ HNDL] [(操作)] |
| 6 | 按 ⇥ 键，选自动方式；按 ▣ 键，运行程序 | 程序运行程序段：G50 X200.0 Z300.0，建立了工件坐标系，屏显如右图 | 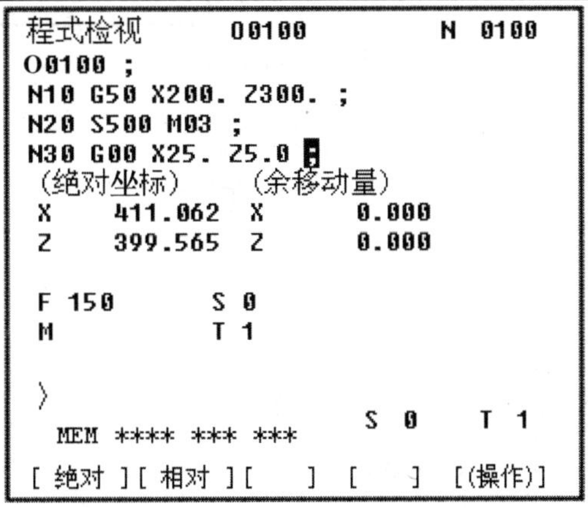 程式检视　　00100　　N 0100<br>O0100 ;<br>N10 G50 X200. Z300. ;<br>N20 S500 M03 ;<br>N30 G00 X25. Z5.0<br>(绝对坐标)　(余移动量)<br>X　411.062　X　0.000<br>Z　399.565　Z　0.000<br>F 150　　S 0<br>M　　　T 1<br>><br>MEM **** *** ***　　　S 0　T 1<br>[ 绝对 ][ 相对 ][ ][ ] [(操作)] |

163

### 6.3.4 运行程序（自动加工）

检索并运行"0100"号加工程序操作过程，如表 6-9 所示。

表 6-9 运行程序操作

| 顺序 | 按键操作 | 说 明 |
|---|---|---|
| 1 | ⊙→ | 选自动运行方式 |
| 2 | PROG | 打开程序屏幕 |
| 3 | 0 *    数字：0100    [O SRH]软键 | 检索程序，从存储的程序中选择 O0100 号程序 |
| 4 | ⏻ | 启动自动运行，车削 $\phi$25mm，程序运行时按键中的指示灯 LED 闪亮，当运行结束时指示灯熄灭 |
| | ⏸ | 如中途停止运行，按进给保持（暂停）⏸，键内指示灯亮，并且循环启动指示灯熄灭。按下机床操作面板上的循环启动按钮，重新启动机床的自动运行 |
| | RESET | 按此键，终止自动运行，并进入复位状态，机床减速直到停止 |

# 6.4 跟我学车削偏移参数操作

学习要点：在数控加工之前应进行参数设置与调整。需要设置的参数有工件坐标系、存储刀具补偿值以及其他一些工作参数。本节通过例 6-2，举例学习车削参数测量、存储操作步骤。

【例 6-2】 如图 6-8 所示零件，毛坯为 $\phi$45mm×110mm 的圆钢，车端面、外圆，并切断。

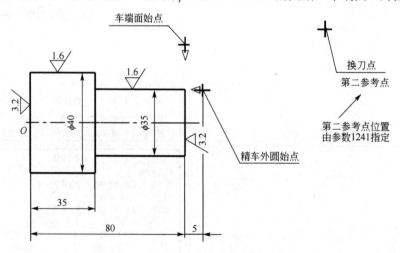

图 6-8 车削路线中的始点位置与换刀点

### 6.4.1 编制加工程序

#### （1）零件分析

零件材料为 45 钢，需要加工端面、外圆，并且切断。毛坯为 $\phi$45mm×110mm 的圆钢。

车削编程需根据零件图样计算各几何元素的交点，然后按零件的长度确定装夹方法。通常将长度与直径比值小于4（$L/D < 4$）的轴类零件，称为短轴。

**（2）确定工件的装夹方式**

短轴可采用三爪卡盘装夹一端进行车削加工。三爪卡盘能自动定心，工件装夹后一般不需要找正，装夹效率高。它只限于装夹圆柱形、正三边形、六边形等形状规则的零件。如果工件是精基准表面，为防止夹伤工件表面，可以使用软爪。如果工件伸出卡盘较长，则仍需找正。三爪卡盘上一般有一副正反都可使用的卡爪，各卡爪都有编号，在装配卡爪时应按编号顺序安装。

**（3）确定数控加工工序**

根据零件的加工要求，粗车端面及外圆用 90°硬质合金机夹偏刀；精车外圆使用高速钢90°外圆车刀，以确保加工粗糙度要求；使用切断刀切断。该零件的数控加工工艺过程如表 6-10 所示。

表 6-10　数控加工工序卡

| 工步号 | 工步内容 | 刀具 | 切削用量 | | |
| --- | --- | --- | --- | --- | --- |
| | | | 背吃刀量/mm | 主轴转速/(r/min) | 进给速度/(mm/r) |
| 1 | 车端面 | T01 | | <1500 | 0.1 |
| 2 | 粗车外圆，留余量 0.2mm | T01 | 2.3 | <1500 | 0.3 |
| 3 | 精车外圆 | T02 | 0.2 | <1500 | 0.1 |
| 4 | 切断，保证总长 90mm | T03 | | 300~600 | 0.05~0.01 |

**（4）工件坐标系原点**

编写程序前需要根据工件的情况选择工件原点，$X$ 轴工件原点设在工件的轴线上。$Z$ 轴原点一般根据工件的设计基准，选择在工件轴向的右端面，或选择在工件的左端面。图 6-7 所示工件的轴向尺寸基准在工件左端，所以选工件左端面为 $Z$ 轴原点。

**（5）换刀点**

换刀点是指在多刀加工程序中，设置的一个自动换刀的位置。为了防止在换刀时碰撞到工件或夹具，除特殊情况外，其换刀点都设置在被加工工件的外面，并留有一定的安全区。具体的位置应根据工序内容而定，通常可在机床的第二参考点换刀（第二参考点位置由存储在参数 1241 中的值指定）。这使编程简单，又在换刀动作的同时完成了程序回零，防止程序零点漂移。本例在第二参考点换刀。

**（6）各工步的始点**

在本例编程时还要考虑粗、精车端面的始点和粗、精车削外圆的始点，以及切断的起始点。如果毛坯余量较大，应进行多次走刀粗车，最后进行一次精车，那么每次的车削始点都不相同。

**（7）数控程序**

其数控车削$\phi$35mm 外圆采用两次粗车、一次精车，其余表面采用一次粗、一次精车，粗、精车切削用量选择如表 6-10 所示。数控程序编写如下。

```
O2000;                          程序编号 O2000
N0 G54 G00 X100.0 Z200.0;        设置工件原点在左端面
N10 G30 U0 W0;                   返回第二参考点(换刀点)
N20 G50 S1500 T0101 M08;         最高主轴转速为 1500r/min, 换 01 号刀具, M08 开
                                冷却液
```

```
N30 G96 S50 M03;                        指定恒切削速度为 50m/min,主轴旋转
N40 G00 X40.2 Z85.0;                    快速走到外圆粗车始点(40.2, 85)
N50 G01 Z-5.0 F0.3;                     以进给率 0.3mm/r, 粗车一次外圆到φ40.2mm
N60 X46.0;                              退刀
N70 G00 Z85.0;                          轴向快速退刀
N80 X35.4;                              进刀
N90 G01 Z35.2 F0.3;                     粗车φ35mm 外圆到尺寸φ35.4mm
N100 X42.0;                             车台阶面
N110 G00 Z85.0;                         刀具轴向快速退刀
N120 G30 U0 W0;                         回第二参考点以进行换刀
N130 (Finishing);                       精车开始
N140 G50 S1500 T0202;                   限制最高主轴转速为 1500r/min, 换 02 号刀
N150 G96 S100;                          指定恒切削速度 100m/min
N160 G00 X35.0 Z90.0;                   快速走到外圆精车始点（35, 85）
N180 Z35.0;                             精车φ35.0mm 外圆到尺寸
N190 X40.0;                             台阶精车
N200 Z-5.0;                             精车φ40mm 外圆到尺寸
N210 G00 X50.0;                         退刀
N220 Z80.0;                             刀具快速到车端面始点(50, 80)
N225 G96 S30;                           指定恒切削速度 30m/min
N230 G00 X40.0;                         接近工件端面
N240 G01 X-1.0 F0.1;                    精车右端面
N250 G00 Z100.0;                        沿 Z 向, 轴向退刀
N260 G30 U0 W0 ;                        返回第二参考点
N265 G50 S1000 T0303;                   限制最高主轴转速为 1000r/min, 换 03 号刀
N270 G96 S30;                           指定恒切削速度 30m/min
N275 G00 X50.0 Z0;                      快速到切断始点（50, 0）
N280 G01 X-1.0 F0.1;                    切断
N290 G00 X85.0 Z170.0 M05 M09;          返回程序始点
N300 M30;                               程序结束
```

### 6.4.2　用 G54 指令建立工件坐标系

例 6-2 的程序采用了 G54 指令设定工件坐标系。在机床上装夹工件后，需要设定工件原点的偏移值，G54～G59 原点偏置有两种设定方法：直接输入数据设定和由测量功能设定。

**（1）直接输入工件原点偏移值操作步骤**

① 按下功能键 OFFSET。

② 按下章节选择软键[WORK]，显示工件坐标系设定画面。

③ 工件原点偏移值的画面有几页，通过按翻页键"PAGE"显示所需的页面。

④ 打开数据保护键以便允许写入。

⑤ 移动光标到所需改变的工件原点偏移值处。

⑥ 用数字键输入所需值，显示在缓冲区，然后按下软键[INPUT]，缓冲区中的值被指定为工件原点偏移值。或者用数字键输入所需值，然后按下软键[+INPUT]，则输入值与原有值相加。

⑦ 重复第⑤步和第⑥步以改变其他偏移值。

⑧ 关闭数据保护键以禁止写入。

下面针对 CAK6150 数控车床，直接输入例 6-2 中的工件原点偏移值，其操作步骤如表 6-11 所示。

表 6-11　直接输入工件原点偏移值操作步骤

| 顺序 | 操作 | 说明和操作步骤 | 屏幕显示 |
|---|---|---|---|
| 1 | 回零操作 | 建立机床坐标系 | |
| 2 | 装夹工件 | | |
| 3 | 手动（JOG）操作，车端面，见光即可 | 车完端面，车刀原路退回，Z 轴不动，记下屏幕 Z 轴坐标值（Z=127.658）。<br>想一想：工件原点到端面的距离 80mm，所以工件原点在机床坐标系的 Z 坐标为：Z=127.658−80=47.658 | 现在位置（绝对坐标）　O　　　N<br><br>X　　　268.820<br>Z　　　127.658<br><br>JOG F 200<br>ACT．F 200　　MM/分　　S 0　T 1<br>JOG **** *** ***<br>[ 绝对 ][ 相对 ][ 综合 ][ HNDL ] [（操作）]<br><br><br>原点 Z 值：（机床坐标系）127.658−80=47.658<br>屏显 Z 值：（机床坐标系）127.658 |
| 4 | 手动（JOG）操作，车外圆 | 车一段外圆，车刀原路退回，X 轴不动，测量车后外圆直径 $d=\phi44.183$。记下屏幕 X 轴坐标值 X=255.274<br>想一想：工件原点在机床坐标系的 X 坐标为：X=255.274−44.183=211.091 | 现在位置（绝对坐标）　O　　　N<br><br>X　　　255.274<br>Z　　　136.569<br><br>JOG F 200<br>ACT．F 200　　MM/分　　S 0　T 1<br>JOG **** *** ***<br>[ 绝对 ][ 相对 ][ 综合 ][ HNDL ] [（操作）]<br><br>原点机床坐标系 X 值：225.274−44.183=211.091<br><br>测量直径为：$\phi44.183$<br>机床坐标系屏显 X 值：225.274 |

| 顺序 | 操作 | 说明和操作步骤 | 屏幕显示 |
|---|---|---|---|
| 5 | 进入坐标系设定界面，工件原点偏移值输入到G54 偏置存储地址中 | 按 [OFFSET SETTING] →按软键[坐标系]→光标停在G54 X 处→在缓冲区键入字符"X47.658"→按软键[输入]，则X47.658 输入 G54 偏置内存，如右图所示，同样操作，将 Z211.091 输入"G54 Z"偏置内存，如右图所示，操作完成 | 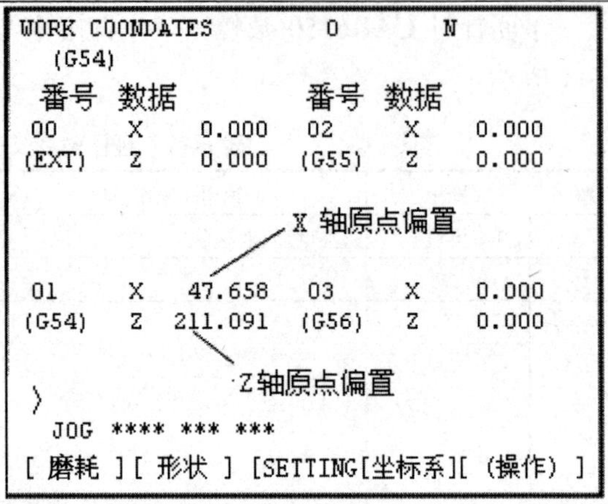 WORK COONDATES          O          N<br>   (G54)<br> 番号  数据              番号  数据<br>00    X    0.000    02    X    0.000<br>(EXT)  Z    0.000    (G55)  Z    0.000<br><br>                          X 轴原点偏置<br><br>01    X   47.658    03    X    0.000<br>(G54)  Z  211.091    (G56)  Z    0.000<br><br>                          Z 轴原点偏置<br>〉<br> JOG **** *** ***<br> [ 磨耗 ] [ 形状 ] [SETTING [坐标系] [ (操作) ] |

### （2）由测量功能输入工件零点偏移值操作步骤

① 装夹圆柱形工件，手动切削外端面。

② 沿 $X$ 轴移动刀具但不改变 $Z$ 坐标，然后停止主轴。

③ 记下端面和程编的工件坐标系原点之间的距离 $\beta$。

④ 按下功能键 OFFSET。

⑤ 按下章节选择软键[WORK]，显示工件原点偏移的设定画面。

⑥ 将光标定位在所需设定的工件原点偏移上（例如 G54 Z）。

⑦ 按下所需设定偏移的轴的地址键（本例中为 $Z$ 轴）。

⑧ 输入 $\beta$ 值（显示在缓冲区），然后按下[MEASUR]软键，系统自动计算工件原点偏移值，并指定在 G54 Z 的内存中。

⑨ 手动切削表面外圆。

⑩ 沿 $Z$ 轴移动刀具，但不改变 $X$ 坐标，然后主轴停止。

⑪ 测量所车削的直径($\alpha$)，然后按照第④～⑧步骤操作，在 $X$ 上输入工件原点偏移值，并指定在 G54 X 的内存中。

下面针对 CAK6250 数控车床，由测量功能设定工件原点偏移值，其操作步骤如表 6-12 所示。

表 6-12　由测量功能输入工件原点偏移值操作步骤

| 顺序 | 操作 | 说明和操作步骤 | 屏幕显示 |
|---|---|---|---|
| 1 | 回零操作 | 建立机床坐标系 | |
| 2 | 装夹工件 | | |
| 3 | 手动（JOG）操作，车端面，见光即可 | 车完端面，车刀原路沿 $X$ 向退回，$Z$ 向保持不动（注：工件原点到端面的距离为 80mm） | |

| 顺序 | 操作 | 说明和操作步骤 | 屏幕显示 |
|---|---|---|---|
| 4 | 进入坐标系设定界面,工件原点偏移值输入到 G54 Z 偏置存储地址中 | 按 OFFSET SETTING →按软键[坐标系]→光标停在 G54 Z 处→在缓冲区键入字符"Z80"→按软键[测量],则原点偏移值"211.091"显示在 G54 Z 偏置内存,如右图所示 | 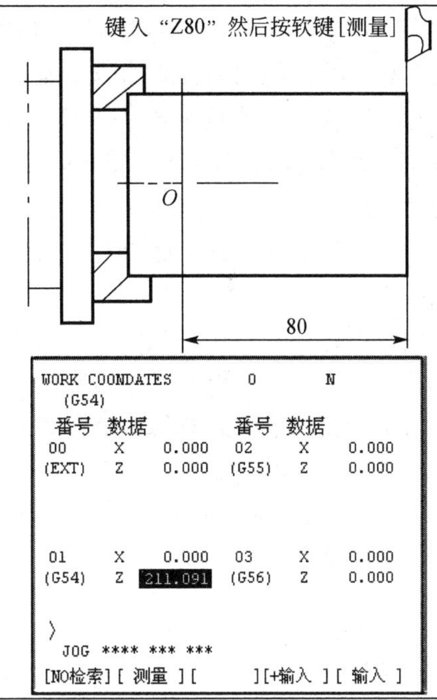 键入"Z80"然后按软键[测量]<br><br>80<br><br>WORK COONDATES　　　0　　　N<br>(G54)<br>番号 数据　　　　番号 数据<br>00　　X　0.000　02　　X　0.000<br>(EXT)　Z　0.000　(G55)　Z　0.000<br><br>01　　X　0.000　03　　X　0.000<br>(G54)　Z　211.091　(G56)　Z　0.000<br>><br>JOG **** *** ***<br>[NO检索] [ 测量 ] [ 　 ] [+输入] [ 输入 ] |
| 5 | 手动(JOG)操作,车外圆 | 车一段外圆,车刀原路退回,X 轴不动,测量车后外圆直径 $d=\phi 43.542$ | |
| 6 | 进入坐标系设定界面,工件原点偏移值输入到 G54 X 偏置存储地址中 | 按 OFFSET SETTING →按软键[坐标系]→光标停在 G54 X 处→在缓冲区键入字符"X43.542"→按软键[测量],则原点偏移值"47.658"显示在 G54 X 偏置内存,如右图所示,操作完成 | 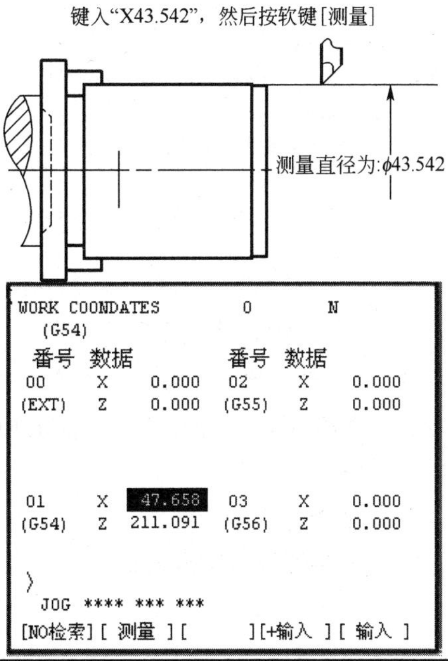 键入"X43.542",然后按软键[测量]<br><br>测量直径为:$\phi 43.542$<br><br>WORK COONDATES　　　0　　　N<br>(G54)<br>番号 数据　　　　番号 数据<br>00　　X　0.000　02　　X　0.000<br>(EXT)　Z　0.000　(G55)　Z　0.000<br><br>01　　X　47.658　03　　X　0.000<br>(G54)　Z　211.091　(G56)　Z　0.000<br>><br>JOG **** *** ***<br>[NO检索] [ 测量 ] [ 　 ] [+输入] [ 输入 ] |

## 6.4.3　存储刀具偏移值操作

加工一个零件常需要几把刀具,由于刀具安装及刀具偏差,不同刀具转到切削位置时刀尖所处位置并不重合。为使编程时不考虑不同刀具的位置偏差，系统设置了自动对刀方法，通过对刀操作以后，刀偏量输入数控系统，在编程序时只需根据零件图纸及加工工艺编写工件程序，不考虑不同刀具造成的位置偏差。在加工程序的换刀指令中调用相应的刀具补偿号，系统会自动补偿不同刀具间的位置偏差，从而准确控制每把刀具的刀尖轨迹。

对车刀而言，刀具参数是指刀尖偏移值(刀具位置补偿)、刀尖半径补偿值、磨损量和刀尖方位。屏面显示如图 6-8、图 6-9 所示，图中"X、Z"为刀偏值，"R"为刀尖半径，"T"为刀尖方位号。

刀偏量的设置过程又称为对刀操作。通过对刀操作，由系统自动计算出刀偏量，存入数控系统。

由于不论用对刀仪对刀还是试切法对刀，都存在一定的对刀误差。当加工后发现工件尺寸不符合要求时，可根据零件实测尺寸进行刀偏量的修改。

**（1）设定和显示刀具偏移值和刀尖半径补偿值的步骤**

① 按下功能键 $\boxed{\text{OFFSET}\atop\text{SETTING}}$。

② 按下软键选择键[OFFSET]或连续按下 $\boxed{\text{PAGE}}$ 键，直至显示出刀具补偿屏幕界面（图 6-9）和刀具磨损偏移屏幕界面（图 6-10）。

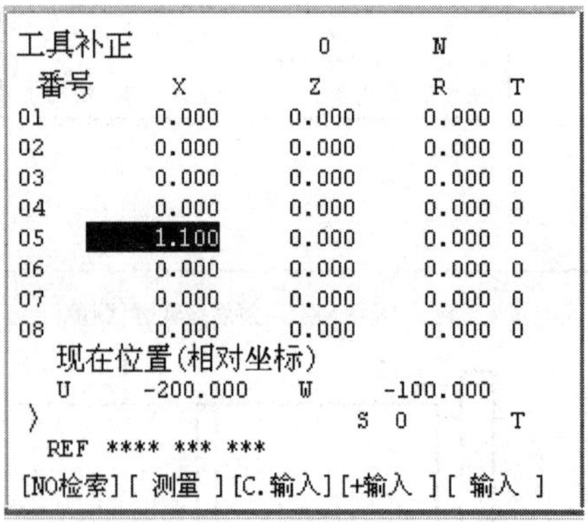

```
工具补正              O        N
 番号     X          Z         R     T
 01     0.000      0.000     0.000   0
 02     0.000      0.000     0.000   0
 03     0.000      0.000     0.000   0
 04     0.000      0.000     0.000   0
 05     1.100      0.000     0.000   0
 06     0.000      0.000     0.000   0
 07     0.000      0.000     0.000   0
 08     0.000      0.000     0.000   0
   现在位置(相对坐标)
   U    -200.000   W    -100.000
 >                           S  O    T
   REF **** *** ***
[NO检索][ 测量 ][C.输入 ][+输入 ][ 输入 ]
```

```
工具补正/磨耗           O        N
 番号     X          Z         R     T
 01     0.000      0.000     0.000   0
 02     0.000      0.000     0.000   0
 03     0.000      0.000     0.000   0
 04     0.000      0.000     0.000   0
 05     0.000      0.000     0.000   0
 06     0.000      0.000     0.000   0
 07     0.000      0.000     0.000   0
 08     0.000      0.000     0.000   0
   现在位置(相对坐标)
   U    -200.000   W    -100.000
 >                           S  O    T
   REF **** *** ***
[ 磨耗 ][ 形状 ][SETTING[坐标系][ (操作) ]
```

图 6-9　刀具几何尺寸偏移界面 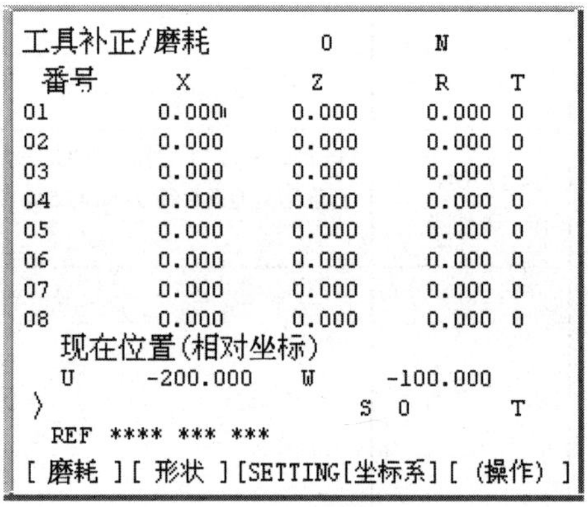　　　　图 6-10　刀具磨损偏移界面

③ 用翻页键和光标键移动光标至所需设定或修改的补偿值处，或输入所需设定的补偿号，并按下软键[NO 检索]。

④ 设定补偿值时，输入一个值，并按下软键[INPUT]。改变补偿值时，输入一个值并按下软键[+INPUT]，于是该值与当前值相加（也可设负值）；若按下软键[INPUT]，则输入值替换原有值。

T 是实际刀尖方位号，T 可在几何尺寸补偿画面或磨损补偿画面由数字 0~9 进行定义。

**（2）刀具偏移值的直接输入**

编程时用刀具上的刀位点代表刀具位置，刀位点一般采用标准刀具的刀尖或转塔中心等，加工时需要将刀具刀位点与加工中实际使用的刀尖位置之间的差值，设定为刀偏值，并输入到刀偏存储器中，称为刀具偏移值的输入。刀具偏移量的直接输入操作步骤如下。

① Z 轴偏移量的设定

a. 在手动方式中，用一把实际刀具切削表面 A，假定工件坐标系已经设定,如图 6-11 所示。

b. 在 $X$ 轴方向退回刀具，$Z$ 轴不动，并停止主轴。

c. 测量工件坐标系的零点至面 $A$ 的距离 $\beta$，用下述方法将 $\beta$ 值设为指定刀号的 $Z$ 向测量值。

（a）按功能键 [OFFSET SETTING] 和软键[OFFSET]，显示刀具补偿画面。如果几何补偿值和磨损补偿值须分别设定，就显示与其相应的画面。

（b）将光标移动至欲设定的偏移号处。

（c）按地址键 Z 进行设定。

（d）键入实际测量值($\beta$)。

（e）按软键[测量]，则测量值与程编的坐标值之间的差值作为偏移量被设入指定的刀偏号。

② $X$ 轴偏移量的设定

a. 在手动方式中切削表面 $B$。

b. $Z$ 轴退回而 $X$ 轴不动，并停止主轴。

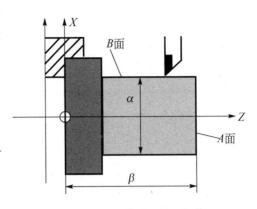

图 6-11　刀具偏移量输入操作

c. 测量表面 $B$ 的直径（$\alpha$）。用与上述设定 $Z$ 轴的相同方法，将该测量值设为指定刀号的 $X$ 向测量值。

d. 对所有使用的刀具重复以上步骤，则其刀偏量可自动计算并设定。

例如，当刀具切削表面 $B$ 后，$X$ 坐标值显示为 70.0，而测量表面 $B$ 的直径 $\alpha=68.9$，光标放在偏移号 5 处，在缓冲区输入数字 68.9，按软键[测量]，于是 5 号刀偏的 $X$ 刀具偏移值为 1.100，如图 6-9 所示。

刀具几何尺寸补偿界面与刀具磨损补偿界面中定义的补偿值并不相同，在刀具几何尺寸补偿界面设定的补偿值为几何尺寸补偿值，并且所有的磨损补偿值被设定为 0；在刀具磨损补偿界面设定的磨损补偿值和当前几何尺寸补偿值之间的差值成为新的补偿值。

**（3）多把刀具刀具偏移值输入**

按表 6-11 或表 6-12 步骤操作，可以输入工件原点偏移值，确定工件坐标系原点位置。在设定工件坐标系的同时，确立了该刀具位置为标准刀位置，把其余刀具的刀尖距标准刀的距离作为补偿值，设置刀偏值，从而完成多把刀具偏移值的输入。其操作步骤如表 6-13 所示。

表 6-13　多把刀具刀具偏移值输入

| 顺序 | 操作 | 说　明 | 屏幕显示 |
|---|---|---|---|
| 1 | 手动（JOG）操作 | 将标准刀移动到基准点位置，即图 6-11 中 $P$ 点位置，如右上图所示，屏幕显示如右下图所示 | |

| 顺序 | 操作 | 说　明 | 屏幕显示 |
|------|------|--------|----------|
| 1 | | | 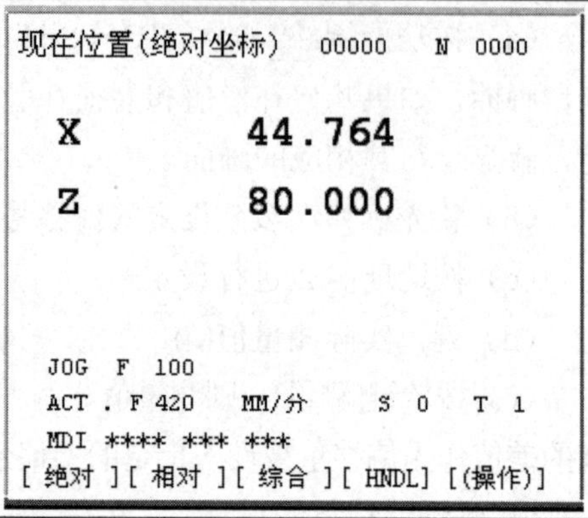 现在位置(绝对坐标)　00000　N 0000<br><br>X　　　　44.764<br><br>Z　　　　80.000<br><br><br>JOG　F 100<br>ACT．F 420　MM/分　　S 0　T 1<br>MDI **** *** ***<br>[ 绝对 ] [ 相对 ] [ 综合 ] [ HNDL] [ (操作)] |
| 2 | 将基准点位置的相对坐标设为零点 | 依次按下述键(或软键)：POS 、[相对]、[操作]、 [起源] | 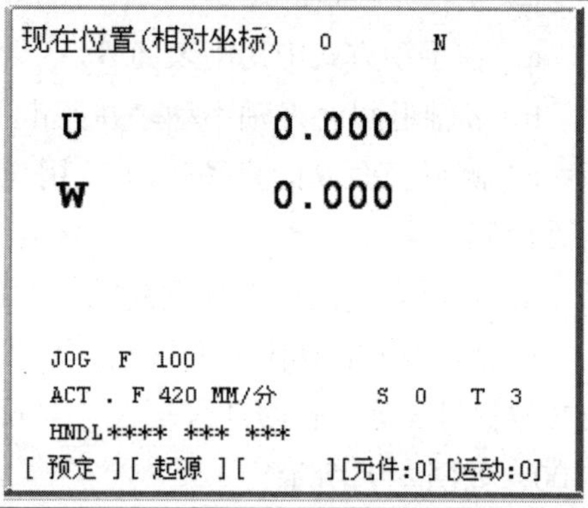 现在位置(相对坐标)　0　　　N<br><br>U　　　　0.000<br><br>W　　　　0.000<br><br><br>JOG　F 100<br>ACT．F 420 MM/分　　　S 0　T 3<br>HNDL**** *** ***<br>[ 预定 ] [ 起源 ] [　　] [元件:0] [运动:0] |
| 3 | 换 T02 号刀 | 手动(JOG)刀具到换刀位置，按换刀键 ✿，换 2 号刀 | |
| 4 | 对刀，手动(JOG)把 2 号刀刀尖移动到基准点位置 | 2 号刀对刀，使刀尖位于基准点 P，如右上图所示，相对坐标显示如右下图所示<br>**想一想**：该相对坐标值就是 2 号刀相对于标准刀(1 号刀)的差值，也就是 2 号刀具补偿值 | 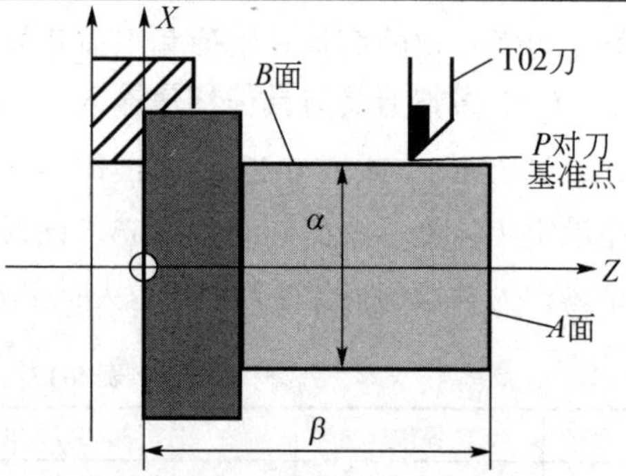 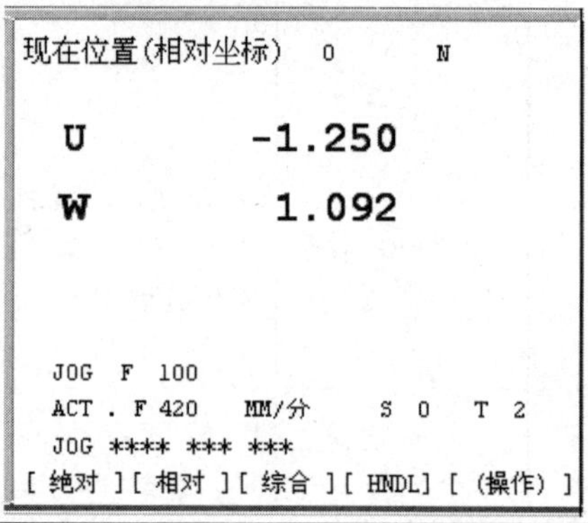 <br>现在位置(相对坐标)　0　　　N<br><br>U　　　−1.250<br><br>W　　　　1.092<br><br><br>JOG　F 100<br>ACT．F 420　MM/分　S 0　T 2<br>JOG **** *** ***<br>[ 绝对 ] [ 相对 ] [ 综合 ] [ HNDL] [ (操作) ] |

| 顺序 | 操作 | 说明 | 屏幕显示 |
|---|---|---|---|
| 5 | 把 2 号刀补偿值存入到 02 补偿号存储区 | 02 补偿号存储数据如右图所示 | 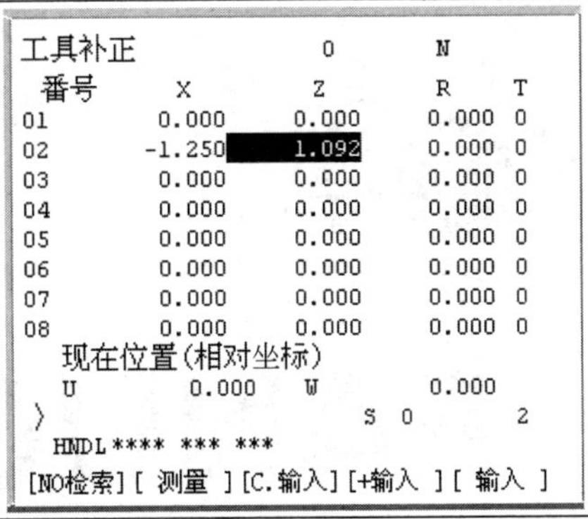 工具补正　　　　　　O　　　　N<br>番号　　　X　　　　Z　　　　R　　T<br>01　　0.000　　0.000　　0.000　0<br>02　　-1.250　　1.092　　0.000　0<br>03　　0.000　　0.000　　0.000　0<br>04　　0.000　　0.000　　0.000　0<br>05　　0.000　　0.000　　0.000　0<br>06　　0.000　　0.000　　0.000　0<br>07　　0.000　　0.000　　0.000　0<br>08　　0.000　　0.000　　0.000　0<br>现在位置(相对坐标)<br>U　　0.000　　W　　　　　0.000<br>〉　　　　　　　　　S　0　　　2<br>HNDL **** *** ***<br>[NO检索][ 测量 ][C.输入][+输入][ 输入 ] |
| 6 | 重复第 3～5 步操作，把 3 号刀补偿值输入到 03 补偿号存储区。类推，存入其他刀补值 | 03 补偿号存储数据如右图所示 | 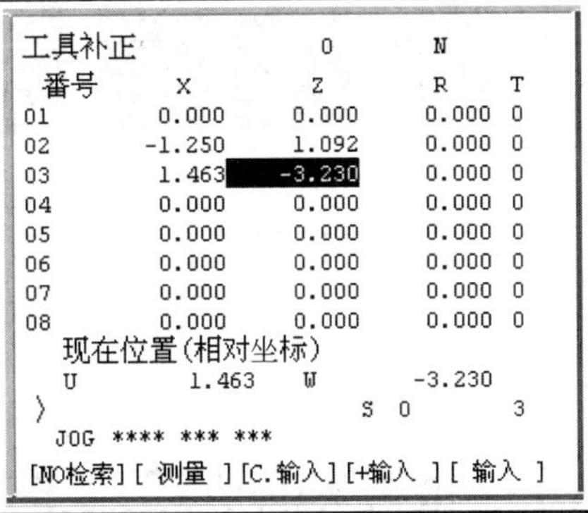 工具补正　　　　　　O　　　　N<br>番号　　　X　　　　Z　　　　R　　T<br>01　　0.000　　0.000　　0.000　0<br>02　　-1.250　　1.092　　0.000　0<br>03　　1.463　　-3.230　　0.000　0<br>04　　0.000　　0.000　　0.000　0<br>05　　0.000　　0.000　　0.000　0<br>06　　0.000　　0.000　　0.000　0<br>07　　0.000　　0.000　　0.000　0<br>08　　0.000　　0.000　　0.000　0<br>现在位置(相对坐标)<br>U　　1.463　　W　　　　-3.230<br>〉　　　　　　　　　S　0　　　3<br>JOG **** *** ***<br>[NO检索][ 测量 ][C.输入][+输入][ 输入 ] |

## 6.4.4　试切削

检查完程序，正式加工前，应进行首件试切，只有试切合格，才能说明程序正确，对刀无误。首件试切时，如程序用 G92 设置坐标系，则需将刀具位置移动到相应的起刀点位置；如用 G54～G59 指令设定坐标系，则需将刀具移到不会发生碰撞的位置。

一般用单程序段运行工作方式进行试切。将工作方式选择旋钮打到"单段"方式，同时将进给倍率调低，然后按"循环启动"键，系统执行单程序段运行工作方式。加工时每加工一个程序段，机床停止进给后，都要看下一段要执行的程序，确认无误后再按"循环启动"键，执行下一程序段。要时刻注意刀具的加工状况，观察刀具、工件有无松动，是否有异常的噪声、振动、发热等，观察是否会发生碰撞。加工时，一只手要放在急停按钮附近，一旦出现紧急情况，随时按下按钮。

整个工件加工完毕后，检查工件尺寸，如有错误或超差，应分析检查程序、补偿值设定、对刀等工作环节，有针对性地调整。例如，加工完某零件槽后，发现槽深均浅 0.1mm，应是对刀、设置刀补或设定工件坐标系的偏差，此时可将刀补 Z 值（X）减少 0.1mm，或将工件坐标系原点位置向 Z（X）的负向移动 0.1mm 即可，而不需重新对刀。通常在重新调整后，再加工一遍即可合格。首件加工完毕后，即可进行正式加工。

# 第 **7** 章

# FANUC 系统数控车削编程与工艺实例

## 7.1 数控车削加工工艺简介

### 7.1.1 工件装夹

数控车床可以使用通用的三爪自定心卡盘、四爪卡盘等装夹工件，数控车床常用液压卡盘，装夹一般的回转类零件采用普通液压卡盘。对长轴工件需要采用一夹一顶的装夹方式，即在轴的尾端用活顶尖支撑，活顶尖装在尾架上。

### 7.1.2 车削加工方案

在数控车床上加工零件，应按工序集中的原则划分工序，在一次安装下尽可能完成大部分甚至全部表面的加工。根据零件的结构形状不同，工件的定位基准通常选择外圆、端面或内孔，并力求设计基准、定位基准和编程原点统一。

制定车削方案的一般原则为先粗后精，先近后远，先内后外，程序段最少，走刀路线最短。

① 先粗后精。先安排粗加工工步，在较短的时间内将大部分加工余量去掉，同时应满足精加工的余量均匀性要求。完成粗加工后安排换刀，并进行半精加工和精加工。精加工时，零件轮廓应由一刀连续切削而成，以免因切削力突然变化而造成弹性变形，致使光滑连接轮廓上产生表面划痕。

② 先近后远。在一般情况下，特别是在粗加工时，通常安排离对刀点近的部位先加工，离对刀点远的部位后加工，以便缩短刀具移动距离，减少空行程时间。

③ 先内后外。对既有内表面又有外表面的零件，在制定其加工方案时，通常应安排先加工内形和内腔，后加工外形表面。这是因为控制内表面的尺寸和形状较困难，刀具刚性相

应较差, 刀尖(刃)的使用寿命易受切削热而降低, 以及在加工中清除切屑较困难等。

④ 程序段少。按照每个单独的几何要素分别编制出相应的加工程序。在加工程序的编制中, 应以最少的程序段实现对零件的加工, 以使程序简洁, 减少出错的概率, 并提高编程的效率。

⑤ 走刀路线最短。确定走刀路线要确定程序始点位置、刀具的进、退刀位置、换刀点位置, 循环起点位置等, 并合理确定粗加工及空行程的走刀路线。精加工切削的走刀路线基本是沿零件轮廓进行。

## 7.1.3 车削切削用量的选择

切削用量包括背吃刀 $a_p$、进给量 $f$、切削速度 $v_a$（主轴转速）。

### （1）背吃刀 $a_p$ 的确定

根据粗车和精车, 背吃刀量有不同的选择。粗车时, 切削用量选择应有利于提高生产效率, 在机床功率允许、工件刚度和刀具刚度足够的情况下, 尽可能选取较大的背吃刀量。精车时要保证工件达到图样规定的加工精度和表面粗糙度, 应选用较小的背吃刀量。精车 $a_p$ 常取 0.1～0.5mm, 半精车 $a_p$ 常取 1～3mm。

### （2）进给量 $f$（有些数控机床选用进给速度 $v_c$）

在保证工件加工质量的前提下, 可以选择较高的进给速度。在切断、车削深孔或精车时, 应选择较低的进给速度。当刀具空行程特别是远距离"回零"时, 可以设定尽量高的进给速度。粗车时, 一般取 $f$=0.3～0.8mm/r; 精车时, 常取 $f$=0.1～0.3mm/r; 切断时, $f$=0.05～0.2mm/r。

### （3）切削速度与主轴转速的确定

切削速度 $v$ 可以查表选取, 还可以根据实践经验确定。切削速度确定后, 用公式计算主轴转速 $n$(r/min)。

车外圆时主轴转速 $n$(r/min)应根据零件上被加工部位的直径 $d$(mm), 并按零件和刀具材料以及加工性质等条件所允许的切削速度来确定。主轴转速 $n$ 计算公式:

$$n=1000v/nd \tag{7-1}$$

表 7-1 为常用切削用量推荐表, 供应用时参考, 应用时应注意机床说明书给定的允许切削用量范围。

表 7-1 常用切削用量推荐表

| 工件材料 | 加工内容 | 背吃刀量 $a_p$/mm | 切削速度 $v_a$ /(m/min) | 进给量 $f$/(mm/r) | 刀具材料 |
|---|---|---|---|---|---|
| 碳素钢<br>($\sigma_b$>600MPa) | 粗加工 | 5～7 | 60～80 | 0.2～0.4 | YT 类 |
| | 粗加工 | 2～3 | 80～120 | 0.2～0.4 | |
| | 精加工 | 2～6 | 120～150 | 0.1～0.2 | |
| 碳素钢<br>($\sigma_b$>600MPa) | 钻中心孔 | | 500～800r/min | | W18Cr4V |
| | 钻孔 | | 25～30 | 0.1～0.2 | |
| | 切断(宽度<5mm) | | 70～110 | 0.1～0.2 | YT 类 |
| 铸铁<br>(HBS<200) | 粗加工 | | 50～70 | 0.2～0.4 | YG 类 |
| | 精加工 | | 70～100 | 0.1～0.2 | |
| | 切断(宽度<5mm) | | 50～70 | 0.1～0.2 | |

# 7.2 轴件数控车削

**【例 7-1】** 轴件如图 7-1 所示，车削端面及外轮廓，并切断。毛坯为 $\phi$45mm 圆钢。

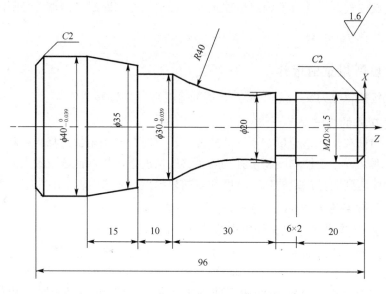

图 7-1 轴件

## 7.2.1 工艺要点

① 零件分析。该零件由圆弧面、圆柱面和螺纹组成，用普通车床加工难以控制精度，适合采用数控机床加工。工件坐标系原点设在工件右端面上。

② 工件坐标系原点。

$X$ 轴工件原点：工件的轴线。

$Z$ 轴原点：工件的右端面。

③ 换刀点。换刀点设在第 2 参考点处，工件坐标系(100, 200)，$X$ 轴是直径值。

④ 倒角。倒角安排在精车工步中，同外圆连续车削成 45°。为使切削连续，把精车始点安排在 $C2$ 倒角的延长线上，因倒角是 45°，经计算后的精车外圆始点坐标为（10，3）（$X$ 轴是直径值）。

⑤ 工序。粗车外圆和端面→精车外圆→车槽→车螺纹→切断，如表 7-2 所示。

表 7-2 车削盘件数控加工工序卡

| 工步号 | 工步内容 | 刀具 | 切削用量 | | |
|---|---|---|---|---|---|
| | | | 背吃刀量/mm | 主轴转速/(r/min) | 进给速度/(mm/r) |
| 1 | 粗车外圆、端面 | T01 | 1.0 | <1500 | 0.3 |
| 2 | 精车外圆 | T01 | 0.2 | <1500 | 0.2 |
| 3 | 车槽 | T02 | | <1500 | 0.15 |
| 4 | 车螺纹 | T03 | | <1500 | 0.15 |
| 5 | 切断，保证总长96mm | T02 | | <1500 | 0.15 |

跟我学 FANUC 数控系统手工编程

⑥ 切断。工件完成了外圆切削后需要切断，如果要求工件的切断面上有倒角，如图 7-1 中大端直径端面的倒角 *C*2，通常采用切断工件后调头装夹，进行倒角，这样就多了一次装夹，降低了加工效率。本例在切断前用切断刀进行倒角，然后切断，其加工步骤如下。

a. 在工件的切断处用切断刀先车一适当深度的槽，如图 7-2(a)、(b) 所示，此槽用于倒角，并减小了刀尖切断较大直径坯件时的长时间摩擦，同时有利于切断时的排屑。

b. 用切断刀倒角，倒角时刀位点的起、止位置如图 7-2(b) 所示。起始点(X44，W4 )，终止点（X36，W-4）。

c. 对工件切断，切断时刀的起始位置（X44，Z-100），路径如图 7-2(c) 所示。

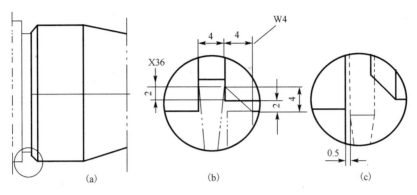

图 7-2　倒角并切断

## 7.2.2　加工程序

加工程序编制如下。

| 程序 | 说明 |
| --- | --- |
| O0520; | 程序号 O0520 |
| G54 G90 G80 G40 G21; | 设置工件原点在右端面，保险程序段 |
| X100.0 Z202.0; | 快速到换刀点 |
| T0101; | 换 1 号刀，1 号刀补 |
| G50 S1500; | 限制最高主轴转速为 1500r/min |
| G96 S80 M03; | 恒切削速度为 80m/min |
| G00 X50.0 Z0; | 定位到车端面始点 |
| G01 X-1.0 F0.1; | 车端面 |
| G00 Z10.0; | 轴向退刀 |
| X50.0; | |
| G00 X47.0 Z5.0; | 快速到外圆粗车始点(47.5) |
| G71 U2.0 R1.0; | 粗车外圆循环（留精车余量0.2mm） |
| G71 P70 Q150 U0.4 W0.2 F0.2; | 设定精加工余量参数 |
| N70 G00 G42 X6.0 Z3.0; | 定位到精车始点(6, 3)，刀尖半径右补偿 |
| G01 X20.0 Z-2.0 F0.08; | 倒角 |
| G01 X20.0 Z-26 ; | 车外圆 |
| G02 X30.0 W-30.0 R40.0 ; | 车圆弧 |
| G01 W-10.0 ; | 车外圆 |
| X35.0; | 车台阶面 |
| X40.0 W-15.0; | 车锥面 |
| Z-101.0; | 车外圆 |

```
N150 G01 G40 X47.0;                    径向退刀，取消半径补偿
G00 X47.0 Z5.0;                        定位到精车循环始点
G70 P70 Q150;                          精车循环
G00 X100.0 Z200.0;                     快速回到换刀点
T0202;                                 换切槽刀
G00 X25.0 Z-26.0;                      定位到切槽始点
G01 X16.0 F0.08;                       切槽（第1刀）
G04 P1000;                             刀停1s（使槽底光滑）
G00 X25.0;                             快速退刀
W3.0;                                  横向定位
G01 X16.0 F0.08;                       切槽（扩槽到尺寸）
G04 P1000;                             刀停1s（使槽底光滑）
G00 X25.0;                             快速退刀
G00 X100.0 Z200.0;                     横向定位
G97 S800;
T0303;                                 换螺纹刀
G96 S30
G00 X20.0 Z8.0;                        定位到车螺纹始点
G92 X19.2 Z-23.0 F1.5;                 车螺纹，走刀1次
X18.7;                                 车螺纹，走刀2次
X18.3;                                 车螺纹，走刀3次
X18.05;                                车螺纹，走刀4次
G00 X100.0 Z200.0;                     快速回到换刀点
T0202;                                 换切槽刀
G00 X45.0 Z-100.5;                     定位到切断始点
G01 X30.0 F0.08;                       切槽，槽深5mm（准备倒角用槽）
G04 P1000;                             进给暂停1s
G00 X44.0;                             径向退刀
W4.0;                                  切断刀定位到倒角起始位置
G01 X36.0 W-4.0 F0.05;                 倒角
G00 X44.;                              退刀
Z-100.0;                               定位到切断起点
G01 X-1.0 F0.05;                       切断
G04 P1000;                             进给暂停，为使端面光滑
G00 W5.0;                              Z向退刀
G00 X50.;                              X向退刀
X100. Z200.;                           回换刀点
T0200;                                 取消02号刀刀具补偿
M05;                                   主轴停
M30;                                   程序结束
```

### 7.2.3　编制小结

车削程序编制的思路及包含的基本内容如下。

① 保险程序段。开机时系统缺省G代码（G54、G90、G80、G40、G17、G49、G21等）被激活，为防止该类代码在程序运行中被更改，致出错，程序的开始应有保险程序段，如下

所示。

```
N010 G54 G90 G80 G40 G17 G49 G21;
```

② 刀具由程序始点快速定位到切入点。

③ 进刀，切入工件。

④ 切削。

⑤ 退刀，退出工件。

⑥ 刀具快速返回程序始点，程序开始与结束应在同一点。

⑦ 程序结束。

此外还可能包括换刀指令、刀具长度补偿、刀具半径补偿等。上述内容中①～ ⑦顺序，就是编程员分析程序和编制程序的思路。

# 7.3  套类零件车削

**【例 7-2】** 车削如图 7-3(a) 所示的套类零件，其外径为 $\phi54\text{mm}$，厚度为 16mm。车削时毛坯采用外径为 $\phi56\text{mm}$ 短圆钢。

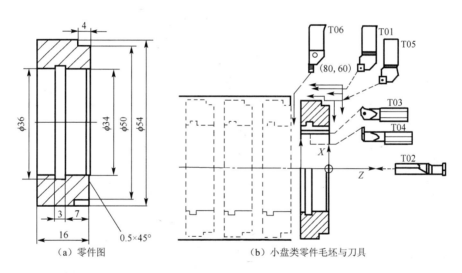

（a）零件图　　　　　　　　　（b）小盘类零件毛坯与刀具

图 7-3  套类零件的车削

## 7.3.1  工艺要点

### （1）确定工件的装夹方式

用三爪自定心卡盘装夹。这类零件的尺寸较小，厚度较薄，难于在卡盘上直接装夹，为保证装夹可靠，一般采用棒料来进行车削加工，然后切断，如图 7-3(b) 所示。

### （2）数控加工工步

粗车外表面→钻 $\phi30\text{mm}$ 孔→车内孔→切内孔槽→精车外表面→切断。工序内容如表 7-3 所示。

表 7-3　数控加工工序卡

| 工步号 | 工步内容 | 刀具 | 切削用量 | | |
|---|---|---|---|---|---|
| | | | 背吃刀量/mm | 主轴转速/(r/min) | 进给速度/(mm/r) |
| 1 | 粗车外圆、端面，留余量 0.3mm | T01 | 2.6 | <1500 | 0.3 |
| 2 | 钻孔 $\phi$30，留余量 2mm | T02 | | <1500 | 0.2 |
| 3 | 精车孔，到尺寸 $\phi$34mm | T03 | 3 | <1500 | 0.15 |
| 4 | 车槽 | T04 | 3 | <1500 | 0.15 |
| 5 | 精车外圆、端面到尺寸 | T05 | 0.3 | <1500 | 0.15 |
| 6 | 切断，保证总长 16mm | T06 | | <1500 | 0.15 |

### （3）工件坐标系原点

$X$ 轴工件原点：工件的轴线。

$Z$ 轴原点：工件的右端面。

### （4）换刀点

在第二参考点（由参数 1241 设定）换刀。

## 7.3.2　加工程序

加工程序编制如下。

| | |
|---|---|
| O0200; | 程序编号 O0200 |
| N0 G54 G40 G21; | 设置工件原点在右端面，保险程序段 |
| （车削外圆及端面程序） | |
| N2 G30 U0 W0; | 直接回第二参考点 |
| N4 G50 S1500 T0101 M08; | 限制最高主轴转速为 1500r/min，换 01 号车刀，开冷却液 |
| N6 G96 S200 M03; | 指定恒切削速度为 200m/min |
| N8 G00 X50.6 Z5.0; | 快速到外圆粗车始点(50.6,5), |
| N10 G01 Z-3.7 F0.3; | 粗车外圆 $\phi$50mm 到尺寸 $\phi$50.6mm |
| N12 X54.6; | 台阶粗车 |
| N14 Z-16.0; | $\phi$54mm 外圆粗车到尺寸 $\phi$54.6mm |
| N16 G00 X56.0 Z0.3; | 快速退刀到右端面粗车起点 |
| N18 X54.6; | 接近端面粗车起点 |
| N20 G01 X-2.0 F0.2; | 右端面粗车 |
| （钻孔程序） | |
| N 22 G30 U0 W0; | 回第二参考点 |
| N24 T0202; | 调 02 号刀，钻头直径 $\phi$30mm |
| N26 G00 X0. Z3.0; | 快速走到钻孔起点 |
| N28 G01 Z-20.0 F0.2; | 钻孔，深度 20mm |
| N30 G00 Z3.0; | 快速退刀 |
| （车孔程序） | |
| N32 G30 U0 W0; | 回第二参考点 |
| N34 T0303; | 调 03 号键刀 |
| N36 G00 X34.0 Z2.0; | 车孔始点 |
| N37 G41 G01 Z0 F0.15; | 准备车内孔 $\phi$34mm，刀具补偿，左偏 |
| N38 Z-18.0; | 车内孔 $\phi$34mm |
| N40 G40 G00 X0 Z3.0; | 快速退刀，取消刀补 |

（车内槽程序）

| | |
|---|---|
| N42 G30 U0 W0; | 回第二参考点 |
| N44 T0404; | 换 0404 号刀，刀宽 3mm，刀刃左端为刀位点 |
| N46 G00 X33.0 Z3.0; | 刀具快进 |
| N48 Z-10.0; | 槽刀（左端）快速走到点（33,-10） |
| N50 G01 X36.0 F0.15; | 切内槽 |
| N51 G04 P1000; | 槽底停 1s，确保槽底光滑 |
| N52 G00 X30.0; | 沿 X 向快速退刀 |
| N54 Z3.0; | 沿 Z 向快速退刀 |

（精车外圆与端面程序）

| | |
|---|---|
| N56 G30 U0. W0; | 回第二参考点 |
| N58 T0505; | 换 05 号外圆精车刀 |
| N60 G00 X50.0 Z3.0; | 快速走到外圆精车起点 |
| N62 G42 G01 Z1.0; | 刀具右偏 |
| N64 Z-4.0 F0.1; | 精车 $\phi$50mm 外圆到尺寸 |
| N66 X54.0; | 台阶精车 |
| N68 Z-18.0; | 精车 $\phi$54mm 外圆到尺寸 |
| N70 G40 G00 X58.0 Z0; | 快速走到右端面精车起点，取消刀补 |
| N72 G41 G01 X54.0 F0.1; | 到右端面精车始点，刀补，左偏 |
| N74 X-2.0; | 精车右端面 |

（切断程序）

| | |
|---|---|
| N76 G30 U0 W0; | 回第二参考点 |
| N78 T0606; | 调 06 号切断刀，刀具宽度 3mm，刀刃左端为刀位点 |
| N80 G00 X55.0 Z-19.0; | 刀具快速走到切断点 |
| N82 G01 X35.0 F0.06; | 切断 |
| N84 G00 G40 X80.0 Z60.0 M05; | 取消刀补，回对刀点 |
| N86 M30; | 程序结束 |

# 7.4 配合件车削

组合件由多个零件装配而成，各零件加工后，按图样装配达到一定的技术要求。组合件的组合类型分为圆柱配合、圆锥配合、偏心配合、螺纹配合。组合件加工关键是零件配合部位的加工精度，要求确保工件满足装配精度要求。

【例 7-3】 轴孔配合组合件如图 7-4～图 7-6 所示。毛坯为 $\phi$50mm×115mm 圆钢，组合件装配精度如图 7-6 中所述。采用数控车加工，编写加工程序。

## 7.4.1 加工工艺概述

轴孔配合件由轴类零件和套类零件组成，由于套类件需加工孔表面，一般来说套类件加工难度大于轴类件。对于轴孔配合件通常采用先加工套类件，然后加工轴类件，加工轴件中保证轴件与套件配合，这样较易保证配合精度。本例应先加工工件 2，后加工工件 1。

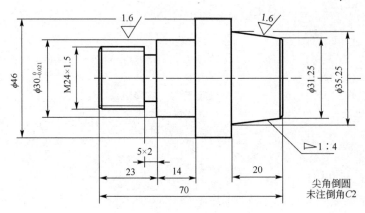

图 7-4 组合件之轴（工件 1）

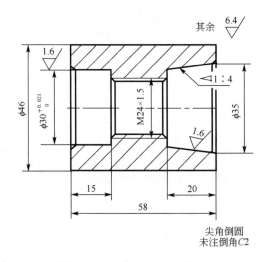

图 7-5 组合件之套（工件 2）

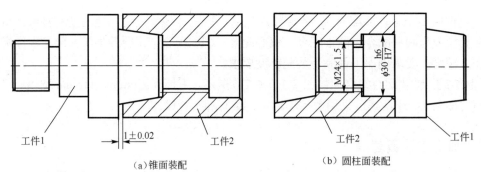

（a）锥面装配　　　　　　　（b）圆柱面装配

技术要求

1. 件1对件2锥体部分涂色检验，锥面接触面积大于60%两件之间的装配间隙为（1±0.02）mm。

2. 外锐边及孔口锐边去毛刺。

3. 不允许使用砂布抛光。

图 7-6 组合件装配图

跟我学 FANUC 数控系统手工编程

**（1）节点数据计算**

工件锥面尺寸采用几何计算得出：工件 2 锥孔小径$\phi$30mm，工件 2 锥面外圆小径$\phi$30.25mm。

**（2）程序原点**

工件 1 和工件 2 均需次装夹，每次装夹均以工件装夹后的右端面为工件坐标系原点。机床操作方法参见 6.4.2 节。

**（3）工件 2 车削步骤（采用 CK6150 数控车床）**

装夹 1：三爪卡盘夹$\phi$50mm 圆钢，圆钢伸出 70mm。

① 尾座装夹钻头，手动钻孔$\phi$20mm×65mm。

（以下为数控程序包含的加工内容）

② 换外圆车刀，光端面，车$\phi$46mm×60mm 外圆。

③ 换内孔车刀，车孔$\phi$30mm×15mm，螺纹底孔，并倒角。

④ 换内螺纹车刀，车 M24 螺纹孔。

⑤ 换切断刀，切断，保证长度尺寸 59mm（留端面余量 1mm）。

装夹 2：掉头卡$\phi$46mm 外圆。

⑥ 换外圆车刀，车端面。

⑦ 换内孔车刀，车锥孔面，倒角。

**（4）工件 1 车削步骤**

装夹 1：采用三爪卡盘夹$\phi$50mm 圆钢，圆钢伸出 85mm。

① 换外圆车刀，光端面，车外圆。

② 换槽刀，车槽。

③ 换螺纹车刀，车 M24 螺纹。

④ 换切断刀，圆钢切断。

装夹 2：掉头卡$\phi$46mm 外圆。

⑤ 换外圆车刀，车端面、锥面、倒角。

## 7.4.2　刀具选择

刀具选择见表 7-4。

表 7-4　刀具卡

| 刀号 | 刀尖位置 | 刀具名称 | 刀具型号 | 刀尖圆弧 | 刀补号 | 加工部位 |
|---|---|---|---|---|---|---|
| T01 | 3 | 外圆车刀 | MDJNR2020K11 | 0.4 | 01 | 外圆、端面 |
| T02 | 2 | 内孔车刀 | S20S-SCFCR09 | 0.4 | 02 | 孔 |
| T03 | 3 | 切断刀 | QA2020R04 | 0.2 | 03 | 槽、切断 |
| T04 | 6 | 内螺纹车刀 | SNR0012K11D-16 | 0.4 | 04 | M24×1.5 螺纹孔 |
| T05 | 8 | 螺纹车刀 | SER2020K16T | 0.4 | 05 | M24×1.5 外螺纹 |

## 7.4.3　数控加工工序卡

工件 2、工件 1 的数控加工工序见表 7-5、表 7-6。

表 7-5　工件 2 工序卡

| 工步号 | | 工步内容 | 刀具 | 切削用量 | | |
|---|---|---|---|---|---|---|
| | | | | 背吃刀量/mm | 主轴转速/(r/min) | 进给速度/(mm/r) |
| 装夹 1 | 1 | 夹 $\phi$50mm 圆钢，伸出 85mm，钻孔 $\phi$20、深 65 | 钻头 $\phi$20mm | | 600 | 0.2 |
| | 2 | 换外圆车刀，光端面，车 $\phi$46mm× 60mm 外圆 | T01 | 1 | 600 | 0.2 |
| | 3 | 车锥孔，倒角 | T02 | | 600 | 0.1 |
| | 4 | 切断，保证总长 59mm | T03 | 1 | 500 | 0.1 |
| 装夹 2 | 5 | 掉头夹 $\phi$46mm 外圆，车端面，保证尺寸 58mm | T01 | 0.3 | 800 | 0.2 |
| | 6 | 车孔 $\phi$30mm×15mm，$\phi$22.5mm，倒角 | T02 | | 600 | 0.1 |
| | 7 | 换内螺纹车刀，车 M24 螺纹孔 | T04 | | 500 | |

表 7-6　工件 1 工序卡

| 工步号 | | 工步内容 | 刀具 | 切削用量 | | |
|---|---|---|---|---|---|---|
| | | | | 背吃刀量/mm | 主轴转速/(r/min) | 进给速度/(mm/r) |
| 装夹 1 | 1 | 夹 $\phi$50mm 圆钢，伸出 85mm，换外圆车刀，光端面，车外圆 | T01 | | 600 | 0.2 |
| | 2 | 车槽 | T03 | 1 | 500 | 0.1 |
| | 3 | 换螺纹车刀，车 M24 螺纹 | T05 | | 500 | |
| | 4 | 切断 | T03 | 1 | 500 | 0.1 |
| 装夹 2 | 5 | 掉头卡 $\phi$46mm 外圆，换外圆车刀，车端面、锥面、倒角 | T01 | 3 | 600 | 0.2 |

## 7.4.4　工件 2 加工程序

### （1）装夹 1 程序

夹圆钢 $\phi$50mm 外圆，伸出长度 75mm，车外圆、锥孔、螺纹底孔。其程序编制如下。

| | |
|---|---|
| O0401; | 程序名 O0401，件 2 的装夹 1 程序 |
| G97 G99 G54 G40 S500 M03; | 设置工件原点在右端面，保险程序段 |
| （车削外圆及端面程序） | |
| G00 X100. Z200.; | 定位于换刀点 |
| T0101; | 换 01 号车刀 |
| G00 X52. Z0; | 定位于切端面始点 |
| G01 X0 F0.1; | 光端面 |
| G00 Z10.0; | Z 向退刀 |
| G00 X52. Z5.0; | 定位到外圆车循环始点(52，5)， |
| G90 X46.2 Z-65.0 F0.2; | 粗车外圆，由尺寸 $\phi$50mm 到 $\phi$46.2mm |
| X46.0 F0.1; | 精车外圆，到尺寸 $\phi$46.0mm |
| G00 X100. Z200.; | 定位于换刀点 |
| M00; | 程序暂停，用于检查、调整 |
| （车削锥孔，粗车螺纹底孔） | |

| | |
|---|---|
| T0202 F0.1; | 换车孔刀 T02 |
| G00 X16.0 Z5.0; | 定位到车孔循环起点 |
| G71 U1.0 R0.5; | 粗车循环参数，每次切削进刀 1.0mm，退刀 0.5mm |
| G71 P10 Q20 U−0.5 W0.25; | N10～N20 间程序为精车轨迹，精加工余量 X 方向 0.5、Z 方向 0.25 |
| N10 G00 G41X35.0 Z2.0; | 建立刀尖圆弧半径补偿，精车轨迹开始段 |
| G01 Z0; | 定位 |
| X30.0 Z−20.0; | 车锥面 |
| X24.0; | 车台阶面 |
| X22.0 Z−21.0; | 倒角 |
| Z−45.0; | 粗车螺纹底孔 |
| X16.0; | X 向退刀 |
| N20 G40 Z2.0; | 取消刀半径补偿，精车轨迹结束段 |
| G00 X16.0 Z2.0 | 定位到精车循环起点 |
| G70 P10 Q20; | 精车循环（切除精车余量） |
| G00 X37.0 Z1.0; | 定位到倒角起点 |
| G01 X31.0 Z−2.0; | 锥孔口倒角 |
| G00 Z200.0; | Z 向退刀 |
| X100.0 M05; | 取消刀尖半径补偿，回到换刀点 |
| （切断程序） | |
| T0303; | 换 03 号切断刀，刀宽 4mm，刀刃左端为刀位点 |
| G00 X52.0 Z−63.0; | 刀具快速定位，切断起点（保证总长 59mm） |
| G01 X16.0 F0.1; | 切断 |
| G00 Z200.0; | Z 向回到换刀点 |
| X100.0; | 回到换刀点 |
| M30; | 程序停止 |

**（2）装夹 2 程序**

调头夹 $\phi$46mm 外圆，车 $\phi$30mm 圆孔、M24 内螺纹。其程序编制如下。

| | |
|---|---|
| （装夹 2 程序） | |
| O0402; | 程序名 O0402，件 2 的装夹 2 程序 |
| G97 G99 G54 G40 S500 | 设置工件原点，保险程序段 |
| M03; | |
| G00 X100.0 Z200.0; | 回换刀点 |
| T0101 F0.1; | 换 T01 外圆车刀 |
| G00 X52. Z0; | 平端面起点 |
| G01 X0 F0.1; | 平端面（保证总长 58mm） |
| G00 X100.0 Z200.0; | 回换刀点 |
| （车孔程序） | |
| T0202 F0.1; | 换车孔刀 T02 |
| G00 X16.0 Z2.0; | 定位到车孔循环起点 |
| G71 U1.0 R0.5; | 粗车循环参数，每次切削进刀 1.0mm，退刀 0.5mm |
| G71 P30 Q40 U−0.5 W0.25 | N30～N40 间程序为精车轨迹，精加工余量 X 方向 0.5、Z 方向 0.25 |
| N30 G00 X34.0 Z1.0; | 定位到车孔始点，精车轨迹开始段 |
| G01 X30.0 Z−1.0; | 孔口倒角 |
| Z−15.0; | 车 $\phi$30mm 孔 |

| | |
|---|---|
| X22.5; | 车台阶 |
| Z－45.0; | 精车螺纹底孔 |
| N40 X16.0; | X 向退刀，精车轨迹结束段 |
| G00 X16.0 Z2.0; | 定位到精车孔循环起点 |
| G70 P30 Q40; | 精车循环（切除精车余量） |
| G00 Z200.0; | Z 向退刀 |
| X100.0; | 到换刀点 |
| M00; | 程序暂停，用于检查、调整 |
| （车内螺纹程序） | |
| T0404; | 换螺纹车刀 |
| G00 X20.0 Z2.0 | 定位到车内螺纹孔循环起点 |
| G92 X22.5 Z－42.0 F1.5; | 车内螺纹循环（走刀一次，牙深至 22.5mm） |
| X23.0; | 车螺纹循环（牙深至 23mm） |
| X23.4; | 车螺纹循环（牙深至 23.4mm） |
| X23.7; | 车螺纹循环（牙深至 23.7mm） |
| X23.9; | 车螺纹循环（牙深至 23.9mm） |
| X24.0; | 车螺纹循环（牙深至 24mm） |
| X24.0; | 车螺纹循环（牙深 24mm 重复走刀，防止让刀） |
| G00 Z200.0; | Z 向退刀 |
| X100.0; | 到换刀点 |
| M30; | 程序停止 |

## 7.4.5  工件 1 加工程序

### （1）装夹 1 程序

夹圆钢 $\phi$50mm 外圆，伸出长度 80mm，车外圆。其程序编制如下。

| | |
|---|---|
| O0403; | 程序名 O0403，件 1 的装夹 1 程序 |
| G97 G99 G54 G40 S500 | 设置工件原点在端面，保险程序段 |
| M03; | |
| （车削外圆及端面程序） | |
| G00 X100. Z200.; | 定位于换刀点 |
| T0101 F0.2; | 换 01 号车刀 |
| G00 X52. Z5.0; | 定位于粗车循环始点 |
| G71 U2.0 R0.5; | 粗车循环参数，每次切削进刀 2.0mm，退刀 0.5mm |
| G71 P10 Q20 U0.5 W0.2; | N10～N20 间程序为精车轨迹，精加工余量 X 方向 0.5mm、Z 方向 0.2mm |
| N10 G00 G42 X0 Z2.0; | 建立刀尖圆弧半径补偿，精车轨迹开始段 |
| G01 Z0 | 切入 |
| X20.0 ; | 光端面 |
| X24.0 Z－2.0; | 倒角 |
| Z－23.0; | 车外圆尺寸 $\phi$24mm |
| X28.0; | 车台阶 |
| G03 X30.0 Z－24.0 R1.0; | 尖角倒圆 |
| G01 Z－37.0; | 车外圆尺寸 $\phi$30mm |
| X44.0; | 车台阶 |
| G03 X46.0 Z－38.0 R1.0; | 尖角倒圆 |

```
G01 Z-75.0;                     车外圆尺寸φ46mm
N20 G40 X52.0;                  退刀，取消刀具圆弧补偿
G00 X52.0 Z5.0;                 定位到车循环起点
G70 P10 Q20;                    精车循环（切除精车余量）
G00 X100.0 Z200.0;              返回换刀点
（车退刀槽程序）
T0303;                          换03号刀，刀宽4mm，刀刃左端为刀位点
G00 X52.0 Z-22.0;               刀具快速定位切槽起点
G01 X20.0 F0.1;                 切槽一次
G04 X2.0;                       进给暂停2s（确保槽底光滑）
X32.0;                          退刀
Z-23.0;                         定位
X20.0;                          切槽（扩超宽）
G04 X2.0;                       进给暂停2s（确保槽底光滑）
X32.0;                          退刀
G00 Z200.0;                     Z向回到换刀点
X100.0;                         回到换刀点
M00;                            程序暂停，用于检查、调整
（车外螺纹程序）
T0505 F0.1;                     换螺纹车刀
G00 X30.0 Z5.0;                 定位到车内螺纹孔循环起点
G92 X23.4 Z-21.0               车内螺纹循环（走刀一次，牙深至23.4mm）
X22.8                           车螺纹循环（牙深至22.8mm）
X22.4;                          车螺纹循环（牙深至22.4mm）
X22.2;                          车螺纹循环（牙深至22.2mm）
X22.1;                          车螺纹循环（牙深至22.1mm）
X22.05;                         车螺纹循环（牙深至22.05mm）
X22.05;                         车螺纹循环（牙深22.05mm重复走刀，防止让刀）
G00 Z200.0;                     Z向退刀
X100.0;                         到换刀点
M00;                            程序暂停，用于检查、调整
（切断程序）
T0303;                          换03号切断刀，刀宽4mm，刀刃左端为刀位点
G00 X52.0 Z-74.0;               刀具快速定位切断起点（保证总长70mm）
G01 X0 F0.1;                    切断
G00 Z200.0;                     Z向回到换刀点
X100.0;                         回到换刀点
M30;                            程序结束
```

## （2）装夹2程序

采用软爪，夹圆钢φ46mm外圆，伸出长度25mm，车锥面。其程序编制如下。

```
O0404;                          程序名O0404，件1的装夹2程序
G97 G99 G54 G40 S500 M03;       设置工件原点在端面，保险程序段
（车削端面、锥面程序）
G00 X100. Z200.;                定位于换刀点
T0101 F0.2;                     换01号车刀
G00 X52. Z5.0;                  定位于粗车循环始点
```

| | |
|---|---|
| G71 U2.0 R0.5; | 粗车循环参数，每次切削进刀 2.0mm，退刀 0.5mm |
| G71 P30 Q40 U0.5 W0.2; | N30~N40 间程序为精车轨迹，精加工余量 X 方向 0.5mm、<br>Z 方向 0.2mm |
| N30 G00 G42 X0 Z2.0; | 建立刀尖圆弧半径补偿，精车轨迹开始段 |
| G01 Z0; | 切入 |
| X26.25; | 光端面 |
| X30.25 Z-2.0 ; | 倒角 |
| X35.25 Z-20.0; | 车锥面 |
| X44.0; | 车台阶 |
| G03 X46.0 Z-21.0 R1.0; | 尖角倒圆 |
| N40 G40 X52.0; | Z 向退刀，取消刀具圆弧补偿 |
| G00 X52.0 Z5.0; | 定位到车循环起点 |
| G70 P30 Q40; | 精车循环（切除精车余量） |
| G00 X100.0 Z200.0; | 返回换刀点 |
| M30; | 程序结束 |

### 7.4.6　编程技巧

#### （1）在自动加工方式下测量、修调加工尺寸

程序中设置了 M00 指令，利用加工过程中的暂停，测量并调整粗加工后的工件尺寸，以保证加工精度。

#### （2）刀具半径补偿的使用

在编制加工程序时，把刀尖作为一个点处理，实际上刀尖是一个半径很小的圆弧，它不影响加工圆柱表面的形状，仅影响圆柱表面加工尺寸，可以通过加工中的调整，修正加工尺寸。但是刀尖的圆弧在加工锥面和圆弧表面时，影响加工的形状精度，所以加工圆弧面或锥面时必须采用刀尖半径圆弧补偿。本例题对锥面的加工程序均采用了刀尖半径圆弧补偿，而对圆柱表面的加工没有采用。

FANUC

[1] 段晓旭编著. 数控加工工艺方案与实施 [M]. 沈阳：辽宁科技出版社，2008.

[2] 徐衡主编. FANUC 系统数控铣床和加工中心培训教程 [M]. 北京：化学工业出版社，2007.

[3] 田春霞主编. 数控加工工艺 [M]. 北京：机械工业出版社，2006.

[4] FANUC Series 0i Mate 操作说明书.